KB104558

진실과 거짓의 과학사

한 컷 교양 과학 시리즈 ①

진실과 거짓의 과학사

최성우 지음

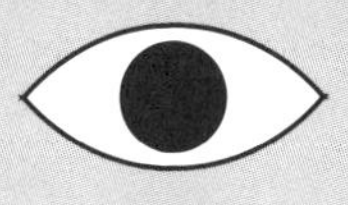

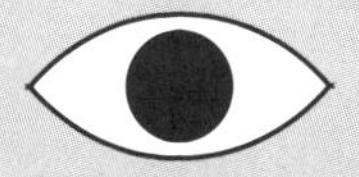

서문

오늘날에도 과학기술은 하루가 다르게 발전을 거듭하고 있다. 그리고 우리나라의 과학기술 또한 과거에 비해 크게 발전했을 뿐 아니라, 대중의 과학기술 수준도 더할 나위 없이 높아지고 있다. 수많은 교양과학도서들이 쏟아져 나오며 인기를 끄는가 하면, 예전 같으면 입에 올리기조차 버거워할 난해한 과학이론과 첨단의 지식이 언론이나 개인 미디어, SNS 등을 통하여 대중 사이로 널리 회자되며 소비되고 있다.

나름 오랫동안 과학평론가로서 활동해온 나로서는 대단히 반갑고 고무적인 일이 아닐 수 없다. 이른바 과학의 대중화가 이 나라에서도 이제 자리를 잡아가면서 과학문화의 함양이 이루어지고 있는 듯하다.

그러나 한편으로는 과학기술의 본질에 대한 이해가 부족하거나 과학기술을 대하는 태도가 잘못되어 있는 측면도 여전히 적지 않다고 여긴다. 특히 일반 대중뿐 아니라 우리 사회의 오피니언리더라 불리는 이들이 과학기술에 대해 그릇된 시각이나 편향된 태도를 지니고 있다면 크게 문제가 될 수도 있다. 따라서 과학기술의 세부 내용이나 구체적 지식 못지않게, 과학기술의 참된 의미를 이해하고 그 가치를 제대로 구현해나가는 일은 대단히 중요할 것이다.

이 책은 여기에 조그마한 도움과 보탬이 되고자 한다. 다른 분야도 다 그렇듯이 과학기술 또한 과거의 역사를 잘 돌이켜보면서 의미 있는 대목들을 찬찬히 짚어본다면, 뜻깊은 반성을 통하여 미래를 향한 중요한 교훈과 실마리를 얻을 수 있으리라 본다.

이 책에서 언급하는 과학기술의 거짓과 진실의 역사란 결코 오래된 옛날에 박제된 모습으로 남아 있는 것이 아니라, 바로 지금 오늘날 그리고 향후 앞날에도 여전히 진행되는 살아 있는 실체라 하겠다. 유구하고 방대하기 그지없는 과학기술의 역사에서 많은 것을 다루기는 어렵고, 그중에서도 특히 중요하다고 생각되는 대목들을 구체적 사례와 함께 조명해보고자 한다.

즉 과학의 역사가 시작된 고대 그리스 시대부터 21세기 첨단과학기술의 시대까지, 그리고 과학혁명이 이루어진 근대 서유럽이든 오늘날 우리나라든 의외의 공통된 부분이나 반복되는 패턴이 숨어 있다고 생각한다. 이들을 잘 발굴해서 살펴보고 그 현재적 의미를 되살린다면, 앞으로 제반 문제의 해결에도 도움이 될 것이다.

첫 장인 '진실과 만들어진 신화, 논란과 음모론'에서는, 우리가 지금껏 상식과 사실이라고 믿어왔던 이야기가 역사적 진실과 크게 다르거나 여전히 논란이 일고 있는 사례에 대해 언급하였다. 저명 과학자와 관련하여 잘못 알려진 신화는 바로 그것이 만들어진 후대 또는 오늘날의 현실을 반영하는 것임을 알 수 있다.

두 번째 장인 '최초 발견, 발명과 우선권 논쟁'에서는, 우리가 최초라고 생각했던 인물과 사건 역시 사실과 다른 경우가 적지 않다는 것에 대해 논의하였고, 동시 발명, 발견의 여러 사례 및 이를 둘러싼 치열한 우선권에 대한 다툼에 대해 살펴보았다. 이 또한 오늘날의 과학기술 발전 과정에서 빈번하게 일어나는 일들이다. 이를 통해 과거에서 배우는 값진 교훈을 얻을 수 있다.

세 번째 장인 '반복되는 조작과 사기, 사이비과학'에서는 과학사상 유명한 사기 사건이나 논문 조작 사례를 주로 살펴보았다. 또한 명백한 사기나 의도적 날조까지는 아니더라도 지나치게 과장 발표되어 논란이 되었거나 사이비과학 또는 병적인 과학으로 의심받는 경우들도 함께 고찰해보았다.

첨단과학기술의 시대라는 오늘날에도 이러한 어처구니없는 일들이 왜 여전히 반복되는지, 또한 우리나라에서도 비슷한 바람직하지 못한 일들이 왜 되풀이되고 있는지 이해할 수 있으리라 본다. 이른바 '국뽕의식' 등 과학기술에 모종의 이데올로기가 개입되는 것이 얼마나 위험한지, 그리고 과학기술에 대해 편향되지 않고 올바른 태도를 지니는 일이 왜 중요한지 잘 알 수 있으리라 생각한다.

네 번째 장인 '잘못된 과거 이론들'에서는 오늘날의 과학과 달리 오해되었던 과거의 이론과 사례를 논의하였다. 이를 통해 과학이론이 어떠한 과정을 통하여 잘못을 극복하고 진리를 향해 발전할 수 있는지 그 실마리를 찾을 수 있을 것이다.

개인적으로 첫 책을 내고 과학기술에 관해 글을 쓰는 과학평론가로 첫발을 내딛은 지도 벌써 20여 년이 훌쩍 지났다. 처음에는 스스로 만용이라 표현했을 만큼 무모하다는 생각이 들었고 번민도 적지 않았다. 하지만 다행히 독자를 비롯한 많은 분의 과분한 관심과 격려를 받으며 신문 잡지 등에 칼럼을 연재하고 몇 권의 책을 더 내면서 오늘에 이르게 되었다. 졸고와 졸저를 통하여 우리 사회와 과학기술계에 조금이라도 도움이 되었다면 뿌듯하고 보람된 일이겠으나, 한편으로는 갈수록 어깨가 무거워지면서 글쓰기가 어렵게 느껴지기도 한다.

그동안 내 글을 재미있게 읽어주신 독자분들, 글을 쓸 기회와 지면을 제공해주신 분들, 그리고 이 책을 내는 과정에서 직간접적으로 숱한 도움을 주신 여러 선후배와 지인 등께 진심으로 고맙다는 말씀을 드리고자 한다. 또한 이 책을 기획, 제안하고 편집과 출판을 맡아 수고해주신 도진호 대표님과 출판사 관계자분들께도 감사드린다. 그리고 이번

책과 여러 일을 핑계로 평소보다 더해진 무심함을 참고 이해해준 아내와 아들에게도 고맙다는 얘기와 함께 미안한 마음을 전하고 싶다.

예전의 내 책이나 칼럼에 익숙한 독자라면, 이 책을 읽으면서 일부는 다소 식상하거나 진부하다고 느낄 수 있으리라 예상된다. 그러나 독자들이 느낄지도 모를 '데자뷔'는 바로 오늘날 우리 사회에서 지금도 재현, 반복되고 있는 일이라는 점을 구차한 변명거리로 삼고자 한다.

내가 책에서 제시한 문제 제기가 보편적 상식이 된다면, 어리석은 사건들이 이 나라에서 반복되지 않는다면, 따라서 이런 책이 더 이상 필요 없게 된다면 나는 진정으로 환영할 것이다. 거의 평생을 과학기술인으로서, 과학기술 단체의 활동가로서, 그리고 과학평론가로서 살아온 나에게, 과학기술의 대중적 이해가 고양되고 과학기술의 진정한 가치가 실현되는 것만큼 기쁜 일이 어디 있겠는가?

2024년 5월

최성우

차례

(1부)

진실과 만들어진 신화, 논란과 음모론

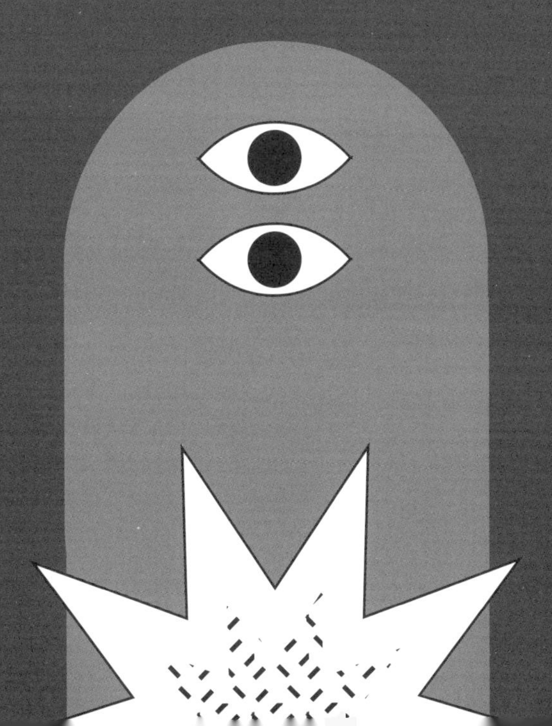

갈릴레이가 물체 낙하 실험을 한 것으로 잘못 알려진 피사의 사탑
ⓒ Saffron Blaze

갈릴레이는 피사의 사탑에서 낙체 실험을 한 적이 없다

대중들에게 널리 알려진 이야기나 과학자의 유명한 일화들 중에는 실제 역사적 사실과는 매우 다른 경우가 적지 않다. 즉 많은 사람이 어릴 적부터 귀 아프도록 듣고서 진실이라 굳게 믿는 것들 중 상당수가 '후세에 만들어진 신화'인 셈이다. 대표적인 예가 갈릴레이(Galileo Galilei, 1564-1642)의 피사의 사탑 실험이다.

'근대 과학의 아버지'라 불리는 갈릴레오 갈릴레이는 지동설 주장, 진자의 원리 발견, 목성의 위성 발견 등 수많은 업적을 남겼다. 그중에서도 빼놓을 수 없는 것이 '가벼운 물체나 무거운 물체나 같은 속도로 낙하한다'는 사실을 밝힌 것이다. 즉 고대 그리스 시대 아리스토텔레스(Aristoteles, BC 384-322) 이래로 오랫동안 진리로 여겨져온 '무거운 물체가 먼저 떨어진다'는 기존 이론을 뒤엎고 근대적 역학법칙의 기초를 세운 일이다.

그런데 오늘날 많은 사람이 갈릴레이가 그 유명한 피사의 사탑에서 대학교수와 학생들을 모아놓고 실제로 두 공을 낙하시키는 실험을 하여 자신의 이론을 증명한 것으로 알고 있다. 피사의 사탑은 갈릴레이가 살던 시대에도 이미 기울어져 있었다고 하니, 물체 낙하 실험을 하기에 매우 좋은 장소였는지도 모른다. 그러나 유감스럽게도 갈릴레이가 그곳에서 낙하 실험을 했다는 증거는 없다. 당시 기록 어디에도 피사의 사탑 실험은 언급되어 있지 않다. 물론 갈릴레이 자신의 저서에도 그런 구절은 나오지 않는다. 현대의 과학사학자들은 피사의 사탑 실험이 실제로 일어난 사건이 아니라 꾸며낸 이야기가 확실하다고 평가한다.

갈릴레이는 물체의 낙하에 관하여 다음과 같은 생각을 하였다. "만약 무거운 물체가 먼저 땅에 떨어진다고 가정해보자. 그러면, 무거운 물체와 가벼운 물체를 서로 붙여 떨어뜨린다면, 무거운 물체는 빨리 떨어지려 하고 가벼운 물체는 그보다 늦게 떨어지려 할 것이므로, 그 결과는 처음의 무거운 물체 하나만인 경우보다는 늦고, 가벼운 물체 하나만인 경우보다는 빨리 떨어져야 할 것이다. 그러나 한편으로는 두 물체가 붙어 있으므로 전체 무게는 더욱 무거워져서 더욱 빨리 떨어져야 옳다는 결론도 나온다. 하나의 가정에서 이처럼 상반된 두 결론이 나왔으므로, 그것은 애초의 가정이 틀렸다는 의미이다. 따라서 무거운 물체나 가벼운 물체나 동시에 떨어져야 옳다는 결론을 얻을 수 있다."

갈릴레이는 이처럼 실험에 앞서 아리스토텔레스 이래 중세의 역학이론을 지배해온 '무거운 물체일수록 빨리 떨어진다'는 이론이 명백한 잘못임을 논리적으로 밝혔던 것이다.

피사의 사탑 실험 이야기는 갈릴레이를 열렬히 흠모했고 만년에 그의 애제자였던 비비아니(Vincenzio Viviani, 1622-1703)가 쓴 갈릴레이 전기에 처음 등장한다. 제자가 스승의 업적을 보다 극적으로 미화하려고 그럴듯하게 지어낸 것으로 보인다.

만약 갈릴레이가 그 당시에 정말로 피사의 사탑에서 크기가 비슷한 나무공과 납공 등 밀도 차이가 크게 나는 두 물체를 낙하시켜서 실험했다면, 공기의 저항 등으로 인하여 무거운 납공 쪽이 먼저 떨어졌을 것이고, 갈릴레이는 망신을 당했을지도 모른다. 갈릴레이의 피사의 사탑 실험 기록은 없어도, 실제로 낙하 실험을 해봤더니 무거운 물체가 먼저 떨어지더라고 갈릴레이에게 편지를 쓴 사람의 기록은 있다고 한다.

갈릴레이와 관련해서 후대에 생겨난 또 다른 이야기가 있다. 갈릴레이가 지동설을 주장하여 가톨릭교회의 탄압을 받고 법정을 나서면서 "그래도 지구는 돈다"라고 말했다는 유명한 일화이다. 그러나 수많은 대중이 진리를 사랑하는 갈릴레이의 학자적 양심과 불굴의 용기에 감동받았을 이 이야기 또한 진실이 아니다. 갈릴레이가 가톨릭교회의 탄압을 받았던 것은 어느 정도 사실이나, 가톨릭교회 역시 갈릴레이의 위치와 영향력, 이후의 파급효과 등을 고려하여 그다지 임하게 처벌하지 못하고 가택연금 정도의 상대적으로 가벼운 판결을 내렸다. 갈릴레이 또한 가톨릭교회에 타협적인 태도를 보인 결과 큰 형벌은 면할 수 있었던 것이다.

종교재판을 받을 당시 갈릴레이는 70세의 고령에 병으

로 쇠약했다. 그가 죽음을 무릅쓰고 가톨릭교회에 대항하는 용기를 내기는 어려웠을 듯하다. 저명한 수학자이자 철학자였던 버트런드 러셀(Bertrand Russell, 1872-1970)은 "법정에서 '그래도 지구는 돈다'라고 중얼거린 것은 갈릴레이가 아니라 이 세계이다"라고 언급한 바 있다.

미국 매사추세츠주에 심긴 '뉴턴의 사과나무' 후손

뉴턴의 사과와 만유인력 법칙

영국의 물리학자 뉴턴(Isaac Newton, 1642-1727)은 고전역학을 완성한 대단히 중요한 인물이다. 그가 발견한 만유인력과 운동법칙에 의해 근대 고전적인 역학체계가 확립되었고, 이전부터 시작된 과학혁명이 완성되었다고 평가된다. 그는 종종 20세기 최고의 물리학자 아인슈타인(Albert Einstein, 1879-1955)과 비교되기도 한다. 역대 물리학계를 통틀어 쌍벽을 이루는 두 사람에 대해 내 개인적인 생각을 말한다면, 뉴턴 역학의 패러다임을 뒤집는 상대성이론을 세운 아인슈타인보다, 애초에 무(無)에 가까운 상황에서 고전역학이라는 새로운 질서를 창안한 뉴턴이 더 천재적이지 않을까 싶다.

최고의 과학자답게 숱한 일화들이 전해지는 뉴턴인데, 특히 그의 사과 이야기는 두말할 필요가 없을 정도로 대중에게 널리 알려져 있다. 뉴턴의 사과는 『성경』에 나오는 아담과 이브의 사과만큼이나 유명하고 중요한 사과로 꼽힐 듯하다. 뉴턴은 대학 시절에 유행하던 흑사병을 피해서 고향집에 내려와 있었다. 그때 정원의 사과나무에서 사과가 떨어지는 것을 보고, 우주의 모든 물체가 서로 끌어당긴다는 보편 중력, 즉 만유인력의 법칙을 깨달았다는 이야기이다.

그러나 이 일화 역시 진실 여부를 놓고 과학사가들 간에 오랫동안 논쟁이 이어졌다. 다만 뉴턴의 사과나무 이야기는 갈릴레이의 피사의 사탑 실험과는 달리 완전히 꾸며낸 이야기는 아니고, 뉴턴 스스로가 만년에 언급한 것은 사실인 듯하다. 뉴턴과 친분이 있었던 동시대의 영국 과학자 윌리엄 스터클리(William Stukeley, 1687-1765)가 쓴 뉴턴에 관한 회고록이 공개된 적이 있는데, 뉴턴과 스터클리가 나눈 대화에서 사과 이야기가 나왔다고 한다. 또한 뉴턴의 집에 사과나무가 있었던 것도 분명하다고 한다.

그러나 설령 뉴턴의 사과 일화가 일부 사실이라고 해도

뉴턴이 중력, 즉 만유인력의 법칙을 설명하기 위해 하나의 사례 정도로 사과를 언급했을 뿐이지, 뉴턴이 땅에 떨어지는 사과를 보고서 문득 만유인력과 역학법칙의 진실을 모두 깨달은 것처럼 얘기하는 것은 후대 사람들이 왜곡하였거나 지나치게 부풀린 것으로 봐야 할 것이다.

뉴턴 이전에도 사과가 아래로 떨어지는 현상을 지구의 인력 때문으로 생각한 과학자들이 없지 않다. 다만 그들은 모두 지상의 운동과 천상의 운동을 전혀 별개로 보았다. 하지만 뉴턴은 하늘이건 땅이건 모두 동일한 만유인력과 운동법칙에 의해 움직인다는 패러다임을 확립했다. 보편적인 힘과 운동의 법칙을 밝힌 뉴턴의 이러한 업적들은 오랜 세월 동안 기나긴 연구를 통하여 확립된 것이지, 떨어지는 사과에서 영감을 얻고 단박에 나올 수 있는 성격의 것이 결코 아니다.

뉴턴은 젊은 시절부터 자신이 공부하거나 생각한 내용들을 꼼꼼히 기록해두는 습관을 지니고 있었다. 그런데 대학 시절의 연구노트에는 사과 이야기나 만유인력에 대한 언급이 전혀 없다고 한다.

사과에 대한 이야기는 뉴턴이 사망할 무렵부터 생기기

시작했는데, 이를 널리 퍼뜨린 대표적인 인물이 프랑스의 계몽주의 사상가 볼테르(Francois-Marie Arouet Voltaire, 1694~1778)이다. 계몽주의 시대에는 '천재는 뛰어난 영감과 상상력을 발휘해서 독창적인 아이디어를 만들어내는 사람'으로 인식되었다. 따라서 뉴턴의 업적을 근면하고 성실한 노력의 산물로 생각하기보다는, 번뜩이는 영감과 직관을 강조하는 것이 계몽사조에 훨씬 부합되었을 것이다.

사실 여부야 어쨌든 사람들은 뉴턴의 사과나무에 열광했고, 뉴턴의 모교인 영국 케임브리지 트리니티칼리지에 있던 사과나무가 '뉴턴의 사과나무'라는 이름으로 전 세계로 분양되었다. 그리고 우리나라의 한 연구기관에도 들어오게 되었다. 영국에 있는 것이든 국내에 분양된 것이든 관계자들은 뉴턴의 사과나무를 과학에 꿈이 있는 학생들에게 소개하면서, 뉴턴처럼 훌륭한 과학자가 되라고 강조할지도 모른다.

그러나 역사적 사실과 다르게 "사과나무에서 사과가 떨어지는 것을 숱하게 보아왔을 평범한 사람들은 그저 당연하다 여겼겠지만, 천재인 뉴턴은 거기서 번득이는 영감을 얻어 탁월한 통찰로 만유인력 법칙과 같은 위대한 업적을 단박에 깨우쳤다"라고 해석하는 것이 과연 어린 과학도들에게 교육적일지는 의문이다.

차라리 비록 천재가 아닐지라도 오랜 세월에 걸친 부단한 노력과 시행착오 등을 통하여 훌륭한 과학적 업적을 낸 사례들이 실제로 매우 많았다는 점을 학생들에게 강조하는 편이 교육적이지 않을까?

노벨의 실험실
© Tomas er

군산복합체의 원조 노벨

저명 과학자와 관련된 잘 알려진 일화들의 상당수가 후대에 만들어진 것이라는 사실은 앞서도 언급했다. 여기에 더하여, 어릴 적 위인전에서 많이 접했을 교훈적인 이야기들 역시 진실과 크게 다른 경우가 적지 않다. 대표적인 경우가 다이너마이트의 발명자 알프레드 노벨(Alfred Bernhard Nobel, 1833-1896)이다.

노벨 하면 누구나 할 것 없이 먼저 '노벨상'을 떠올릴 것이다. 해마다 10월 초가 되면 각 부문의 노벨상 수상자가 발표되는데, 아직 과학 부문 수상자를 배출하지 못한 우리나라에서는 언젠가 한국인도 노벨과학상을 받기를 바라는 기대가 무척 크다. 그런데 노벨이 자신의 유언으로 노벨상을 제정한 동기에 대해서, 다음과 같이 알고 있는 사람들이 대부분일 것이다.

"노벨은 자신이 발명한 다이너마이트가 평화적인 목적으로만 사용되기를 바랐으나, 인명살상용 군사무기로 사용되는 것을 보고 크게 낙담하고 가슴 아파하였다. 그래서 자신의 전 재산을 털어서 인류평화에 기여한 사람에게 수여하라는 노벨상을 제정하였다."

그러나 우리가 자주 들어온 이 이야기에는 유감스럽게도 중대한 오류가 두 가지나 있다. 첫째는 '다이너마이트'가 군사용 무기로 이용되었다는 것이고, 둘째는 노벨이 자신의 발명품이 군사용 무기로 쓰이는 것을 반대했다는 점이다.

알프레드 노벨이 1867년경에 발명하여 특허를 취득한 다이너마이트는 액체폭약 니트로글리세린을 규조토에 삼투시킨 것으로, 뇌관을 써야만 폭발할 수 있는 매우 안전한 폭약이다. 따라서 다이너마이트는 토목이나 건설, 광산 등지에서 널리 쓰였고 덕분에 노벨은 큰 부자가 되었다.

그러나 다이너마이트는 매우 '둔감한 폭약'으로서 군사

용 무기로 쓰기에는 부적절했다. 또한 연기가 너무 많이 났고, 폭발력도 액체 니트로글리세린에 비해 크게 떨어져, 설령 군사용으로 쓴다 해도 인명살상용보다는 포대나 진지의 폭파 등에 제한적으로 쓰는 것이 고작이었다.

그리하여 노벨은 적극적으로 군용 화약의 개발에도 힘을 쏟았고, 다이너마이트보다도 훨씬 강력한 군사용 폭약 '발리스타이트(Ballistite)'를 1888년에 내놓았다. 연기가 나지 않는 이 무연화약(無煙火藥)은 소총, 대포, 기뢰, 폭탄 등에 널리 쓰였다. 노벨은 이 새로운 군사용 폭약을 대량 생산하고 여러 나라에 수출까지 하여 유럽 최고의 부자가 되었다.

자신이 발명한 폭약에 대해 노벨은 이런 말을 했다고 한다. "나는 무엇이든 모조리 파괴할 수 있는 가공할 힘을 가진 물질이나 기계를 만들어서 이것으로 전쟁이 불가능하게 되면 좋겠다. 나의 폭약공장이 평화회의보다 먼저 전쟁을 끝낼지도 모른다. 만약 적과 우군이 1초 동안에 서로 상대방을 전멸시킬 수 있게 된다면, 모든 문명국은 공포를 느낀 나머지 전쟁을 외면하고 군대를 해산할 것이다." 마치 핵무기가 있기 때문에 무장평화가 유지된다는 발상처럼, 살상효과가 큰 무기를 개발할수록 평화가 온다는 역설적인 생각을 노벨은 가지고 있었다.

노벨이 무슨 동기로 노벨상을 창설했는지는 정확히 알려진 바가 없다. 일설에 따르면 노벨의 둘째 형이던 루트비히 노벨(Ludvig Immanuel Nobel, 1831-1888)이 사망했을 때 한 신문이 알프레드 노벨이 죽은 줄 잘못 알고 낸 "죽음의 상인 노벨 사망하다"라는 부고에 큰 충격을 받았다고도 한다. 내 개인적인 생각으로는, 노벨이 평생 결혼을 하지 않아서 막대한 재산을 물려줄 자식이 없었던 것도 노벨상 제정의 계기가 되지 않았을까 싶다.

노벨의 유언장으로 제정되고 1901년부터 수상자를 배출한 노벨상은 물리학, 화학, 생리의학, 문학, 평화까지 5개 부문에서 매년 인류 복지에 가장 구체적으로 공헌한 사람에게 주도록 한 것이었다. 1969년부터는 경제학상이 신설, 추가되었는데, 이 상은 사실 노벨이 유산으로 출연한 기금과는 별도로 스웨덴 국립은행이 기금을 출연하고 관리하는 것이므로 과연 '노벨경제학상'으로 불려야 하는지 논란이 되기도 한다.

노벨상의 수상 분야를 둘러싼 논란은 초기부터 있었다. '왜 노벨 수학상은 없느냐?'는 것은 매우 해묵은 의문이다.

여기에 대해선 노벨과 동시대인이었던 당대의 저명한 수학자 레플러(Mittag Leffler, 1846-1927)가 노벨의 연적이었기 때문이라는 호사가들의 설명이 있었다. 그리고 노벨이 수학이라는 학문을 인류 복지에 기여하는 과학과 거리가 있다고 보아서 별 관심을 두지 않았기 때문이라는 해석도 있다.

이유야 어떻든 노벨이 '세계평화를 위한다는' 노벨상을 창시한 것은 맞지만, 그를 진정한 평화주의자로 보기는 어렵다. 현대적 용어로 표현한다면 그는 '군산복합체(軍産複合體)'의 원조 격이었다. 이는 부인할 수 없는 명백한 사실이다.

증기기관 사업을 함께 한 볼턴과 와트, 머독의 동상(영국 버밍엄 소재)
ⓒ Philip Halling

증기기관 발명자들의 기막힌 우연?

제임스 와트(James Watt, 1736-1819)의 증기기관은 근대 산업혁명에서 핵심적 역할을 한 주역이다. 과학기술사를 포함한 인류 역사 전반에 커다란 족적을 남긴 중요한 발명품이다. 소년 시절 와트의 주전자 일화는 어렸을 적 누구나 한 번씩 들어보았을 것이다. 아마도 와트 소년처럼 예리한 관찰력과 호기심을 가지고 나중에 훌륭한 사람이 되라는 선생님의 친절한 가르침도 뒤따랐을 것이다.

그러나 이 이야기가 처음 나온 때는 그 일이 있고 50년 이상 지난 뒤였다. 더구나 주전자 뚜껑을 유심히 관찰해 무엇을 구상한 것도 아니다. 그냥 주전자 뚜껑을 들었다 놨다

하면서 장난을 치다가 함께 차를 마시던 고모에게 꾸중을 들었다는 것이 이야기의 전말이다. 어린 시절의 그 기억이 먼 훗날에 증기기관을 제작하는 데 어떤 영감을 주었는지는 모르겠지만, 이것이 증기기관을 발명하는 계기가 되었다고 얘기한다면 지나친 과장이고 비약이다.

대중의 통념과는 달리 제임스 와트는 증기기관을 '최초로' 발명한 사람도 결코 아니다. 와트보다 50여 년 앞서 토머스 뉴커먼(Thomas Newcomen, 1663-1729)이 발명한 증기기관이 실용화되었는데 탄광의 물 퍼내는 작업 등에 쓰였다. 또한 실용화에는 성공하지 못했지만 이보다 앞선 증기기관의 선구자들로 우스터(Worcester) 후작 2세인 에드워드 서머싯(Edward Somerset, 1601-1667)과 토머스 세이버리(Thomas Savery, 1650-1715)도 있다.

그런데 재미있게도 우스터 후작 2세와 토머스 뉴커먼에게도 제임스 와트와 같은 주전자 일화가 있다. 세 사람이 모두 공교롭게도 어린 시절에 관찰한 주전자 뚜껑에서 영감을 얻어 증기기관을 발명했다니, 과연 절묘한 우연일까?

와트가 증기기관과 본격적인 인연을 맺은 시기는 글래스고대학 수리소에 기계공으로 일하던 1764년 무렵이다.

대학에 있던 뉴커먼식 증기기관의 모형이 고장 난 것을 수리해달라는 의뢰를 받은 후이다. 앤더슨(John Anderson, 1726-1796) 교수의 요청을 받은 그는 증기기관의 구조를 훑어보고 고장의 원인을 찾아 수리했다. 그런 후 흥미를 가졌고 더 효율적인 증기기관을 만들려고 노력한 결과 뛰어난 성능을 가진 와트식 증기기관을 발명했다.

와트의 증기기관은 예전의 뉴커먼식 증기기관에 비해 크기가 작고 연료인 석탄을 3분의 1 정도밖에 소모하지 않으면서도 더 큰 힘을 냈다. 그래서 급속히 보급되었다. 뉴커먼식 증기기관을 써오던 탄광주들은 "증기기관이 나와서 이제 지하수를 운반하느라 소나 말을 부리지 않아도 되겠거니 했는데, 그 소와 말들을 (증기기관 연료인) 석탄을 나르는 데 부리게 되었다"고 불평하던 터였다. 그리고 이후 와트가 발명한 회전식 증기기관은 탄광용뿐 아니라 방적기, 증기기관차 등에까지 널리 응용되면서 산업혁명에 크게 기여했다. 그래서 와트를 최초 발명자가 아닌 '증기기관의 아버지'라 여기는 것이다.

와트의 성공 과정에서 빼놓을 수 없는 인물이 한 명 있다. 그와 동업했던 사업가 매슈 볼턴(Matthew Boulton, 1728-

1809)이다. 영국 버밍엄 출신의 엔지니어이자 제조업자였던 볼턴은 와트의 증기기관 특허의 만료가 다가오자, 자신의 영향력을 동원하여 특허 유효기간을 길게 연장해주었다.

또한 와트가 증기기관 개발 과정에서 기술적으로 어려움을 겪자 이 문제를 해결할 수 있는 새로운 제조 기술을 가진 이를 소개해주었다. 이렇게 사업가로서 탁월한 역량을 발휘해 여러모로 와트를 도왔다. 와트의 증기기관이 영국의 산업혁명을 이끌자, 와트와 볼턴 두 사람은 1785년에 나란히 영국 왕립 아카데미 회원으로 선출되었다. 두 사람의 공적을 함께 기리는 의미에서 예전 영국의 50파운드 지폐에도 와트와 볼턴의 초상이 함께 그려져 있었다.

증기기관의 발명은 인류 문명사에서 산업적, 기술적인 면에서 대단한 영향을 끼쳤고, 기초과학의 발전에도 상당한 기여를 했다. 기초과학과 기술개발의 관계에 대해 묻는다면, 어느 정도 안목이 있는 사람이라면 기초과학 연구가 먼저 이루어지고 나서 그 기반에서 응용기술이 나오거나 제품개발이 가능할 것이라고 대부분 답할 것이다. 그러나 오늘날처럼 기초과학 연구가 기술과 제품개발에 선행되는 필수 조건으로 자리 잡은 것은 길어야 20세기 초중반부터로, 그리 오래된 일이 아니다.

도리어 옛날에는 기술이나 제품을 먼저 선보인 후 그것을 개량하는 과정에서 기초과학이 발전한 경우가 상당히 많았다. 증기기관이 대표적인 사례이다. 즉 증기기관을 개발한 와트 등이 이 기술과 밀접한 '열역학(Thermodynamics)'의 도움을 받지 않았을까 생각할 수 있겠지만 실상은 정반대이다. 와트의 증기기관이 나온 당시에는 지금 우리에게 익숙한 열역학 제1, 2법칙조차 정립되지 않았다. 도리어 열역학이라는 기초과학 분야 자체가 증기기관 같은 열기관을 개량하기 위한 목적으로 대략 19세기 중반부터 시작된 학문이라 볼 수 있다.

아무튼 와트의 증기기관이 대성공을 거둔 데에는 그의 재능 못지않게 여러 요소와 환경 등이 복합적으로 작용했음을 알 수 있다. 소년 시절의 단순한 호기심이 나중에 큰 업적을 낳은 원동력이 되었다는 설명은 어린 학생들에게 교육적인 효과가 있을지 몰라도 사실에 부합하는 해석은 아니다. 과학기술자들의 업적을 널리 알리고 잘 이해하게 하는 것은 중요하지만, 진실과 동떨어진 미화나 지나친 과장은 경계해야 한다.

장영실의 대표 발명품 중 하나인 자격루의 복원된 모습(국립고궁박물관)
ⓒ G41rn8

장영실은 정치적 희생양이었나?

최근에는 우리의 과학 문화재에 대한 대중적 관심이 높아지고 있다. 특히 우리 역사상 전통 과학기술이 가장 발달했던 시기인 조선 세종대의 탁월한 과학기술자 장영실(蔣英實)을 다룬 소설과 TV드라마, 영화가 나오기도 했다. 노비 출신이지만 꽤 높은 벼슬까지 올랐던 장영실의 생몰연대는 정확하지 않다. 그가 제작 감독하였던 왕의 가마가 만든 직후 부서지는 바람에 관직에서 파면되고 장형(杖刑)을 받았다는 것만 기록되어 있을 뿐, 이후는 전혀 알려진 바가 없다.

장영실에 관한 소설이나 영화에서는 그가 외교적 문제

로 인한 정치적 희생양이었다는 그럴듯한 이야기가 나오기도 한다. 즉 천문과 역법 문제로 인하여 조선과 명나라 간 갈등이 고조되고, 이 과정에서 여러 천문기기를 제작했던 장영실에게 책임이 돌아갔다거나 조정에서 그를 보호하려고 잠적하게 했다는 것이다.

이런 가정은 사실일 수 있을까? 결론부터 얘기한다면 허구일 뿐 실제일 가능성은 거의 없다고 하겠다. 더 명확히 이해하기 위해 조선 세종 시기에 활동했던 장영실을 비롯한 여러 과학기술자의 활약상을 살펴보고, 『칠정산(七政算)』 등의 천문역법에 대해 논의할 필요가 있다.

원나라 출신의 귀화인인 부친과 천민이던 모친 사이에서 태어난 관노였던 장영실은 태종대부터 능력을 인정받아 궁중기술자로 종사하였다. 특히 제련 및 축성, 농기구와 무기 수리 등 다양한 기술적 분야에서 뛰어난 솜씨를 보였던 것으로 알려져 있다.

따라서 장영실이 간의(簡儀)를 비롯한 제반 천문관측 기구의 제작에 참여했던 것은 분명하나, 그렇다고 세종대 모든 과학기술적 업적이 장영실 혼자만의 결과물일 수는 없다.

이 같은 오해로 대중은 측우기(測雨器) 역시 장영실이 발명했다고 알고 있다. 측우기는 유럽 최초의 강우량 측정기인 카스텔리(Benedetto Castelli, 1578~1643)의 우량계보다 무려 200년 가까이 앞서는 세계 최초의 정량적 강우량 측정기이다.

그런데 측우기를 발명한 사람은 장영실이 아니라 세종의 장남 문종이다. 즉 문종이 세자 시절에 그릇 등에 빗물을 받아 양을 재는 방식으로 강우량을 정확히 측정하는 방법을 연구하여 세종 23년(1441)에 발명했다고 『세종실록』에 명시되어 있다.

기술자로서 장영실의 천재적 면모가 가장 두드러지는 과학 문화재는 물시계인 자격루(自擊漏)와 옥루(玉漏)이다. 자격루는 11세기 중국 송나라 시기의 과학기술자 소송(蘇訟)이 만든 거대한 물시계 및 쇠공이 굴러떨어지면서 종과 북을 쳐서 시간을 알리는 아라비아의 자동 물시계를 참고하여 장영실이 만들었다. 또한 옥루는 천체의 운행을 관측하는 천문기구인 혼천의(渾天儀)를 결합한 새로운 자동 물시계로서, 역시 장영실이 발명하여 경복궁 안 흠경각에 설치되었다.

자격루와 옥루는 물시계일 뿐 아니라 옥녀(玉女), 무사(武士), 십이신(十二神)의 여러 인형이 등장하여 북과 종, 징을

쳐서 시각을 알리는 정교한 자동장치(Automaton)이기도 하다. 장영실은 이들을 제작한 공로로 종3품인 대호군까지 관직이 올랐다.

조선 세종대의 천문역법을 대표하는 중요한 것으로는, 각종 천문관측 기구뿐 아니라 자체의 달력인 『칠정산』을 들 수 있다. 내편 3권과 외편 5권으로 구성된 『칠정산』은 이순지, 정인지, 정초 등이 이슬람의 『회회력(回回曆)』, 원나라의 곽수경이 만든 『수시력(授時曆)』 등을 참고해서 우리에게 맞게 만든 것으로, 역시 세계적으로 자랑할 만한 우리 문화유산 중 하나이다.

만약 조선이 명나라와 천문역법으로 갈등이 생겼다면, 천문관측기구가 아닌 달력의 차이 때문이었을 것이다. 즉 조선 고유의 역법이던 『칠정산』이 얼마 지나지 않아 다시 중국식 역법으로 바뀌고 말았기 때문이다. 그러나 『칠정산』이 완성되어 간행된 시기는 세종 26년인 1444년인 반면에, 장영실이 장형을 받고 쫓겨났던 때는 세종 24년인 1442년으로 그보다 전이다. 따라서 이는 앞뒤가 전혀 맞지 않는다.

또한 장영실은 탁월한 공학기술자였으나 천문학자는 아

니었으므로 달력인 『칠정산』 제작에는 관여한 바가 없다. 따라서 명나라가 천문역법 갈등의 책임을 물으려 했다면 그 대상은 장영실이 아니라 세종대 최고의 천문학자였던 이순지(李純之, ?-1465)였어야 한다.

그리고 간의 등 천문관측 기구의 제작 역시 장영실의 공이 많았지만, 금속 주조에 재능이 뛰어난 기술자로서 주로 참여했지 총책임자였던 것으로 보기는 어렵다. 따라서 만에 하나 달력뿐 아니라 천문관측기구 제작으로 인한 외교적 갈등이 생겼다면, 이 역시 장영실보다 연배도 위이고 벼슬 역시 높은 정2품까지 올랐던 이천(李蕆, 1376-1451)의 책임이 컸을 것이다.

요컨대 어느 면에서 살펴보아도 장영실이 명나라와의 외교 갈등에 의한 정치적 희생양이었다는 설은 사실일 가능성이 극히 희박하다. 물론 소설이나 영화는 다큐멘터리가 아니고, 재미있는 이야기를 창작한다는 점에서는 문제가 아니다. 그러나 대중매체가 음모론에 편승하여 허구를 역사적 사실로 믿도록 부채질한다면 대단히 잘못된 일이다.

조작설에 시달려온, 달에 발을 디딘
아폴로 11호 우주비행사 버즈 올드린의 사진

끈질긴 달착륙 조작설

미국 항공우주국(NASA)이 유인 화성 탐사를 추진하고 있고 중국, 일본, 인도, 아랍에미리트 등 아시아 각국도 자체적으로 달과 금성, 화성 탐사선을 잇달아 발사하는 등 이른바 '뉴 스페이스' 시대를 맞아 세계적으로 우주 개발에 대한 관심이 다시금 뜨거워지고 있다. 또한 1960~1970년대 미국의 아폴로(Apollo) 계획 이후 다시 인간을 달에 보내려는 국제적인 우주탐사계획, 즉 아르테미스(Artemis) 계획에는 우리나라도 참여하고 있다.

근래의 우주개발 신흥국 중에서도 중국의 움직임은 단연 돋보인다. 2003년에 러시아(구소련), 미국에 이어 세계 세 번째로 유인 우주선 발사에 성공한 중국은, 2013년에는 무인 우주선이 달에 안착함으로써 역시 세계 세 번째의 달 착륙 성공 국가가 된 바 있다.

이러한 상황은 근래 개봉되었던 우주 관련 영화들에도 반영된 듯하다. 2013년에 나온 영화 〈그래비티(Gravity)〉에서는 우주 조난을 당한 여주인공이 가까스로 중국의 우주 정거장 '텐궁(天宮)'으로 가서 '선저우(神舟)' 우주선을 타고 지구로 향하는 장면이 나온다. 2015년에 국내외에서 큰 인기를 끌었던 영화 〈마션(The Martian)〉에서는 화성에 고립된 우주비행사가 나온다. 이 영화에서도 미국의 화성탐사 모선을 돕기 위한 보급품 공급 시 중국 우주선이 발사되어 도킹하는 대목이 눈길을 끈다.

그런데 2008년, 중국이 우주비행사 3명이 탑승한 선저우 7호를 발사하여 우주선 밖에서의 작업과 우주 유영에도 성공하였다는 발표가 나온 직후, 난데없는 조작설이 불거진 바 있다. 즉 중국 국영 방송사인 CCTV가 내보낸 우주유영 성공 장면은 우주가 아닌 수중 유영으로 의심된다는 것이었다. 그뿐만 아니라 진공 상태인 우주에서 중국 국기인 오성홍기가 바람에 날리듯 펄럭인 점, 뒤에 보이는 지구의 대기권이 화면에 보이지 않는 점도 의혹으로 제기되었다.

당시 중국 우주인의 우주유영 장면이 정말로 조작되었는지는 알기 어렵겠지만, 이것은 오래전에 어디선가 접했던 것과 비슷하다. 미국의 인간 달 착륙 조작설과 너무도 흡사한 것이다.

"인간은 달에 간 적이 없고 아폴로 우주선에 의한 암스트롱(Neil Alden Armstrong, 1930-2012)의 달 착륙 장면 등은 모두 조작된 것이다"라는 식의 달 착륙 조작 음모론이 나온 지는 꽤 오래되었고, 여전히 심심치 않게 재론되곤 한다. 이들 조작설이 맞는지 아닌지에 앞서서, 조작설이 불거져 나온 배경을 먼저 살펴보는 것도 의미 있을 듯하다.

이런 면에서 다음과 같은 질문을 먼저 해볼 수 있다. 먼저 중국이 세계에서 세 번째로 유인 우주선을 발사하기까지, 왜 유럽과 일본은 유인 우주선을 개발하지 않았을까? 유럽 각국과 일본이 중국보다 우주기술이 뒤떨어졌기 때문일까? 그리고 미국은 아폴로 계획이 종료된 1972년 12월 이후 거의 50년 동안 왜 더 이상 달에 가지 않았을까?

중국의 선저우 유인 우주선 발사나 미국의 아폴로 프로젝트나 똑같이 정치적인 면이 중요한 비중을 차지했다는 데에 그 해답이 있다. 통신위성 발사 등 전 세계 발사체 시장에서 절반 이상의 점유율을 차지하는 아리안 로켓을 보유한 유럽우주국(ESA)이 중국보다 기술력이 모자라서 그동안 유인 우주선을 개발하지 못한 것은 아닐 듯싶다.

중국이 러시아, 미국에 이어 유인 우주선을 쏘아 올린 배경에는, 정치적 효과 등을 겨냥한 중국 정부의 의도도 상당히 중요한 요인으로 작용했을 것이다. 더구나 문제의 선저우 7호를 발사한 2008년 9월은 중국이 처음으로 개최했던 베이징 올림픽이 끝난 직후로, 중국은 '대국굴기(大國崛起)'를 한창 뽐내고 싶었을 시절이다.

미국의 아폴로 프로젝트 역시 옛 냉전시대의 체제 경쟁 등에서 비롯된 정치적 배경을 간과하기 어렵다. 잘 알려진 대로 최초의 인공위성 발사는 구소련에서 먼저 성공시켰다. 소련은 1957년 10월 4일 인류 최초의 인공위성 스푸트니크(Sputnik) 1호를 발사하였고, 1961년 3월에는 우주비행사 가가린(Yurii Alekseevich Gagarin, 1934-1968)이 인류 최초의 유인 우주비행을 해 미국보다 앞섰다.

우주 분야에서 잇달아 구소련에 뒤진 미국은 국가적 자존심마저 상처를 입었다. 그래서 이후 우주개발에 막대한 비용과 국력을 쏟아 부어왔다. 결국 미국은 1969년 7월에 사회주의 진영보다 앞서서 인간을 최초로 달에 보내는 데 성공했지만, 그에 대한 비판과 뒷말도 많았다.

인간 달 착륙은 실제로 이루어진 일이 아니라 교묘하게 조작된 사기극이라는 황당한 주장과 음모설이 그동안 대중들의 적지 않은 관심을 끌어오게 된 데에는, 미국의 아폴로 프로젝트에 정치적 요소가 크게 개입되었다는 점을 지적하려는 의도와 비판이 내재되어 있다.

미국이 1972년 이후 더 이상 유인 우주선을 달에 보내지 않은 이유는, 정치적 측면 등 소기의 목적이 이미 달성된 마당에 막대한 비용을 들여 굳이 더 가볼 필요가 없었기 때문이다. 50년 만에 다시 인간을 달에 보내려는 계획, 즉 2020년부터 미국 항공우주국을 중심으로 추진되고 있는 아르테미스 프로젝트에는 유럽 각국, 일본 등을 포함하여 우리나라도 참여하기로 약정한 바 있다. 세계 수십 개국이 참여하고 있는 아르테미스 프로젝트는 평화 목적의 탐사 및 투명한 임무 운영 등 10가지 원칙을 명시하면서, 과거 아폴로 계획과는 상당히 다르게 추진될 예정이다.

'공기가 없는 달에서 어떻게 성조기가 휘날릴 수 있었는가?'라는 점은 조작설의 근거로서 오래전부터 거론되던 얘기이다. 그동안 조작설에 시달려온 미국 항공우주국은 성조기가 휘날리듯 보이게 하는 극적 효과를 내기 위한 장치를 깃발에 적용했다고 설명하는 등, 이미 여러 차례 관련 의혹들을 반박해왔다. 그후 아폴로 11호 우주비행사들이 달에 설치했던 레이저 반사경 등 여러 사진을 공개하였지만, 조작설을 완전히 불식시키기에는 역부족이었다.

나의 지인 중에서도 미국 달 착륙의 진실 여부를 묻는 이들이 적지 않았다. 또한 과학기술 관련 여러 온라인 커뮤니티에서도 그럴듯한 음모론이 '고장 난 레코드'처럼 주기적으로 반복되는가 하면, 어떤 이는 미국 정부의 조작이 뒤늦게 밝혀졌던 '통킹만 사건'을 들먹이면서 자신은 "인간이 달에 갔다는 사실을 절대로 믿을 수 없다"는 굳건한 신념(?)을 보이기도 하였다.

각종 음모론에 경도되거나 조작설을 믿고 안 믿고는 개인의 자유지만, 미국은 아폴로 11호뿐 아니라 아폴로 17호까지 그 후에도 무려 다섯 번 더 달에 인간을 보냈다. 이 모두가 조작이라고 생각하는 것은 지극히 상식적이지 않다. (중간의 아폴로 13호는 사령선의 고장으로 달 착륙에 실패하고 지구로 귀환하였다. 이는 영화로도 만들어졌다.)

내가 조작설의 배경으로 짐작하는 우주개발의 정치적 면은, 긍정적인 방향이든 부정적인 방향이든 떼려야 떼기 어려울 것이다. 또한 우주개발 같은 '거대과학(Big Science)'에는 막대한 재정이 투입될 수밖에 없으므로 정치적, 사회적 쟁점이 있는 것은 당연하다. 다만 국민과 과학기술계의 합리적인 의사소통과 합의가 전제되어야 할 것이다.

밀리컨의 기름방울 실험장치

밀리컨 기름방울 실험을 둘러싼 진실 공방

매일같이 숱하게 쏟아져 나오는 수많은 뉴스 중에 처음 보도된 것과 다른 사실이나 주장이 나오는 경우가 적지 않다. 즉 잘못된 취재로 억울한 누명을 쓰거나 가해자와 피해자가 뒤바뀌는 등, 뒤늦게 진실이 밝혀지는 사례도 많다.

역사적으로 잘 알려진 특정 사실들마저도 뒤늦게 논란이 되는 경우 또한 있다. 과학의 역사에서도 이러한 진실 공방의 사례가 꽤 있다. 대표적인 경우가 밀리컨(Robert Andrews Millikan, 1868-1953)의 기름방울 실험을 둘러싼 논란이다.

밀리컨의 기름방울 실험은 물리학과 대학생이라면 학부 시절에 반드시 거치는 중요한 실험으로 꼽힌다. 아주 작은 기름방울을 원통형 실린더 안에 뿜고 전기장을 가하여 기름방울이 전하를 띠게 한 후, 기름방울의 운동을 관찰하거나 기름방울이 정지된 상태의 조건 등을 측정하여 전하의 값을 알아내는 실험이다.

미국의 물리학자 밀리컨은 이 유명한 실험을 통하여 전하량의 최소 단위를 이루는 전자의 기본 전하량을 정확히 측정하여 노벨물리학상을 받았고 나중에 미국 물리학회 회장까지 지냈다. 하지만 그는 '조작이 진실을 이긴 사건'의 당사자로서 오랫동안 세인들의 입에 오르내렸다.

20세기 초 물리학계에서는 더 이상 나눌 수 없는 최소 단위의 전하량이 존재하는가에 관하여 치열한 논쟁이 있었는데, 밀리컨은 모든 전하는 기본이 되는 최소 전하량의 배수로 이루어진다고 생각하였다. 반면 펠릭스 에렌하프트(Felix Ehrenhaft, 1879-1952)라는 물리학자는 기본 전하량의 최소 단위가 있지 않고 연속적인 값만 있다고 주장하였다.

기본 전하량이 1.6×10^{-19}C임을 밝혀낸 기름방울 실험 결과 결국 밀리컨의 주장이 옳은 것으로 받아들여졌고, 그 공로로 그는 1923년도 노벨물리학상을 수상하였다. 에렌하프트는 학문적인 패배에 그치지 않고 정신질환에 시달리는 등 불행한 삶을 살다 마쳤다.

그런데 그 후 밀리컨은 자신이 실험했던 모든 데이터를 정직하게 발표하지 않았으며, 불리한 것은 버리고 유리한 데이터만 골라 사용했다는 비판이 제기되었다. 즉 밀리컨이 죽은 뒤 과학사학자들이 밀리컨의 실험노트를 확인해본 결과, 그는 140번의 실험결과 중 자신의 주장을 뒷받침할 수 있는 58번의 '아름다운 결과'만 골라 발표한 것으로 드러났다는 것이다.

이 사건은 데이터를 완전히 거짓으로 조작한 것까지는 아니라도, 자신의 약점을 숨긴 쪽이 결벽에 가깝게 정직하게 실험한 쪽을 이긴 바람직하지 않은 사례로 여겨졌다. 또한 이 사건은 그동안 자연과학적 진리의 객관성을 부정하며 상대주의적 입장에 있던 일부 과학사회학자들에게 좋은 공격거리가 되었다.

그러나 그 후 연구 결과에 따르면, 밀리컨이 일부 데이터를 발표하지 않은 것은 사실이지만 그 역시 실험상의 엄밀성을 고려했던 것이지, 자신에게 불리한 수치들을 의도적으로 숨긴 것은 아니라는 주장이 제기되어 기존의 견해를 뒤집고 다시 논란이 되었다.

밀리컨이 실험데이터를 조작하였다는 데에 동의하지 않는 이들의 견해는 다음과 같다. 기름방울 실험의 경우 전자의 전하량은 기본 상수로서, 실험 전에는 어떤 예측된 상수가 있었던 것도 아닌데, 밀리컨에게 유리한 결과만을 남겨두었다는 것은 어불성설이라는 것이다.

밀리컨이 언급했던 '아름다운 결과'란 기본 전하량에 가까워서 유리한 결과가 아니라, 실수나 오차 없이 공정하게 실험된 결과만 남겨두었다는 의미라는 것이다. 즉 기름방울이나 압력의 변화, 대류, 전압의 변동 같은 실험적 문제가 있거나 다른 방법으로 측정한 결과의 오차가 너무 큰 경우, 혹은 측정 횟수가 충분하지 않은 경우의 데이터가 합당하게 제외되었다는 주장이다.

그렇다면 밀리컨 실험의 진실은 과연 무엇일까?

밀리컨 실험이 그동안 조작이 진실을 이긴 사건으로 알려진 데에는, 앞에서도 언급했지만 일부 과학사학자나 과학사회학자, 특히 사회구성주의적 견해가 강한 이들이 '자신들의 입장'에 서서 밀리컨을 비판한 데에서 비롯된 면도 크다고 볼 수 있다.

후술할 황우석 논문조작 사건 후 우리나라에서도 연

구 윤리가 중요시되고 있는데, 실험 데이터를 임의로 취사선택해서 발표하는 행위, 이른바 데이터를 마음대로 요리(Cooking)하는 것도 분명한 연구부정 행위에 해당한다. 그러나 너무 큰 실험오차 등으로 인하여 데이터로서 의미가 없는 것들을 버리는 것은 과학자로서 당연한 조치이다.

그런데 문제는 이들을 '명백하게' 구별하기가 대단히 어려운 경우가 많다는 것이다. 실험 데이터의 취사선택이 연구자의 경험과 직관에 기반한 합당한 것이었는지, 결과를 왜곡할 수도 있는 연구 부정행위인지는 다른 사람이 판단하기가 거의 불가능할 수도 있다. 즉 오랜 실험을 경험한 사람만이 습득할 수 있는 직관과 암묵적 지식(Tacit knowledge)에 비추어 철저하게 실험 내적인 이유로 데이터를 취사선택했다면, 그것은 결코 연구 부정이라 할 수 없다. 밀리컨의 실험은 이 점을 극명하게 보여주며, 연구 윤리라는 면에서도 다시금 주목할 요소가 많다고 여겨진다.

밀리컨이 어쨌든 모든 데이터를 발표하지 않은 것에는 논란의 여지가 있다. 하지만 그가 실험에 충실해서 데이터를 취사선택했다면 선입견에 따라 데이터를 요리한 사람이 아니라 탁월한 실험 물리학자라 할 수 있다.

(2부)

최초 발견, 발명과 우선권 논쟁

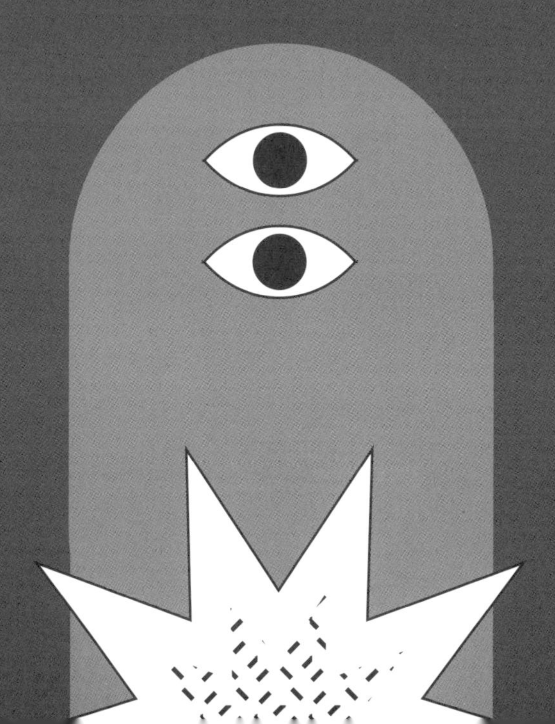

증기기관의 원조 격인 헤론의 증기구
ⓒ Gts-tg

최초의 증기기관은?

"증기기관을 최초로 발명한 사람은 누구인가?"라고 묻는다면 '제임스 와트(James Watt, James Watt, 1736-1819)'라고 대답하는 이들이 여전히 많을 것이다. 그러나 앞선 글에서도 언급했듯이 이것은 분명 틀린 대답이다. 제임스 와트가 증기기관을 만들기 훨씬 전부터 이미 영국의 탄광에서는 뉴커먼(Newcomen)식 증기기관이 실용화되어 있었고 그보다 앞서 연구한 이들도 여럿 있었다.

우리가 상식적으로 알고 있는 '증기선의 발명자' 풀턴(Robert Fulton, 1765-1815)과 '증기기관차의 발명자' 스티븐슨(George Stephenson, 1781-1846)의 경우도 마찬가지이다. 그들의 발명품들이 가장 성공적으로 작동했고 그것을 널리 보급시키는 데에 크게 공헌했기 때문에 그들을 '증기선의 아버지'나 '증기기관차의 아버지'라고 부르는 것은 타당할지 모르나, 그들이 사상 최초로 발명했다는 의미는 아니다.

사실 진보와 개량이 거듭되는 기술의 발전사에서 최초 발명자를 밝혀내기란 여간 어려운 일이 아니며, 아직도 학자들 간에 논란이 되곤 한다. 앞 예로 증기선과 증기기관차만 하더라도 풀턴이나 스티븐슨 전에 여러 선구자가 있었다. 다만 여러 이유로 그들은 대중적인 보급에 실패했고 그다지 유명해지지 못했다.

그러면 처음으로 돌아가서 증기기관을 세계 최초로 발명한 사람이 누구냐는 물음에 답하기 위해서, 우리는 놀랍게도 2000년 전으로 거슬러 올라가야 한다. 그리스 알렉산드리아(Alexandria) 시대의 탁월한 기술자이자 실험가인 헤론(Heron)이 그 주인공이다.

아쉽게도 헤론이라는 인물의 개인 신상에 대해서는 알려진 것이 거의 없다. 기원후 10년 즈음 출생했을 것으로 추정될 뿐 생몰연도는 확실하지 않고 이에 대한 견해도 분분하다. 헤론은 그리스 교육을 받은 이집트인 또는 바빌로

니아인으로 추측되기도 하는데, 현재의 이집트에 있던 알렉산드리아는 헤론이 활동했을 무렵에는 헬레니즘 문명의 중심 도시로서 과학을 비롯한 여러 학문이 크게 번성하던 곳이었다.

헤론이 저술한 『기체학(Pneumatica)』, 『기계학(Mechanica)』, 『측정학(Metrica)』 등 여러 권의 저서에는 시대를 앞선 선구자가 만든 놀라운 발명품들이 서술되어 있다. 특히 헤론의 발명품 중 증기기관과 매우 비슷한 것이 있었으니, 바로 당시 사람들이 '에오리아의 공(Aeolipile)'이라고 불렀던 증기구(蒸氣球)이다.

증기구란 수증기의 힘으로 돌아가던 공 모양의 기계 장치이다. 둥근 공의 양쪽에 공기 통로가 연결되어 있고 물이 채워져 있는 아래쪽의 물통은 공과 연결된 모양이었다. 물통 아래에서 불을 때면 안쪽의 수증기가 팽창하면서 뿜어져 나오는 힘으로 공이 축을 따라 회전하게 되어 있다.

헤론의 증기구가 실용적인 동력장치로 쓰이지는 않았으므로 이를 증기기관이라고 지칭하기에는 무리가 있지만, 아무튼 증기기관의 원리를 정확히 응용한 세계 최초의 기계 장치임에는 틀림없다.

또한 당시 그리스의 신전에는 '저절로 열리는 돌문'이 있어서 사람들을 놀라게 했다. 이것의 비밀 역시 헤론이 만든 증기를 이용한 기계 장치였다. 즉 사제가 신전 앞에 불을 붙이면 벽면에 숨겨진 화로가 데워지면서 증기의 힘이 커지고, 이것이 돌문 아래에 설치된 기구를 움직여서 돌문을 열도록 정교하게 장치되었던 것이었다.

이 밖에도 헤론의 뛰어난 발명품들은 매우 많다. 오늘날 우리의 일상생활에 널리 이용되는 것들과 비교해도 그리 손색이 없을 정도이다. 헤론은 동전을 넣으면 한 컵만큼의 성수(聖水, 성스러운 물)가 나오는 '성수 자동판매기'도 만들었다. 오늘날 커피 자동판매기의 원리와 크게 다르지 않다. 또한 수레의 축에 기어를 연결해서, 수레가 얼마만큼의 거리를 달렸는지 알 수 있도록 만든 장치도 고안했다. 오늘날 택시미터기와 거의 유사하며 가정용 전력계, 수도계량기 등에도 응용되고 있나.

헤론보다 조금 앞선 시기의 탁월한 발명가로는 정교한 물시계 클렙시드라(Clepsydra)와 피스톤 펌프를 제작한 크테시비우스(Ctesibius, BC 285-222)와 쇠사슬 톱니바퀴를 고안한 비잔틴의 필론(Philon, BC 280-220)을 들 수 있다. 이들은 헤론에게도 상당한 영향을 끼친 것으로 보인다.

그런데 오늘날의 사람들이 "당신의 멋진 발명품들을 잘 응용해서 실제로 인간의 생활을 편리하게 하는 데 쓰면 좋았을 텐데 왜 그렇게 하지 않았는가?"라는 질문을 당시의 헤론 등에게 해본다면 어떨까? 지나친 비약과 부질없는 가정이겠지만, 정말 헤론의 발명품들이 널리 실용화되었다면 산업혁명이 18-19세기의 영국이 아니라 2000년 전 그리스 알렉산드리아에서 먼저 시작되고 인류의 역사가 크게 바뀌었을지 모른다.

그러나 헤론은 고개를 갸웃거리면서 "인간의 생활을 편리하게 하다니, 무슨 뜻인지 모르겠군. 힘든 일들은 노예들이 다 하는데 구태여 저런 기계들을 쓸 필요가 뭐가 있는가?"라고 답할지 모른다.

당시 그리스 노예제 사회에서는 헤론의 발명품도 실제 생활에 그다지 쓸 일이 많지 않은, 정교하게 잘 만든 장난감이거나 인간보다 신을 위한 기계였다고 볼 수 있다.

미적분의 창시자인 뉴턴의 초상

미적분은 누가 먼저 발견했을까?

과학기술상의 숱한 발견과 발명 중에는 같은 이론이나 발명품을 거의 같은 시기에 두 사람 이상이 내놓는 경우가 아주 많다. 이는 과학사, 과학사회학 등 과학기술학을 연구하는 사람들에게 좋은 연구거리가 된다. 단순한 우연의 일치로 보기는 어려울 것이며 사회적, 환경적 맥락에서 접근하려는 설명이 많다.

저명한 과학사회학자 로버트 머튼(Robert King Merton, 1910-2003)은 과학사에서 단독 발견보다는 동시 발견이 더 전형적이라고 주장한 바 있다. 생화학을 전공한 과학자이자 저명한 SF 작가 겸 과학저술가로서 과학의 대중화에 크게 기여한 아시모프(Isaac Asimov, 1920-1992) 박사도 저서 『아시모프 박사의 과학 이야기』에서 이러한 동시 발견은 지극히 당연하다고 언급하였다.

한편 이러한 동시 발명, 발견은 당사자들 간에 격렬한 우선권 논쟁을 불러일으키곤 했다. 특허로서 독점적, 배타적 권리가 보장되는 기술적 발명은 말할 것도 없고, 학문적인 발견의 경우에도 점잖은 학자들 간에 이전투구적인 다툼이 자주 벌어졌다. 물론 과학자들도 인간인 이상, '과학사의 한 페이지에 자신의 이름이 올라가느냐 못 올라가느냐'는 문제인 만큼 우선권에 대한 집착은 이해할 수 있는 부분이기도 하다.

이러한 우선권 논쟁 중에서 가장 대표적인 예가 미적분의 발견자를 둘러싼 논쟁이다. 고등학교 수학 시간에 배우게 되는 미적분은 대단히 중요한 분야이지만, 수학에 흥미나 소질이 부족한 이들에게는 상당한 괴로움을 선사했을지 모르겠다. 그러나 미적분은 수학과 물리학 등 자연과학뿐 아니라 전기전자공학, 기계공학, 화학공학 등 대부분의 공학에서 널리 쓰이는 편리한 도구이다. 최근 이공계 학생들의 수학 실력 저하에 대한 우려를 표명하는 신문기사에서는 "미적분도 모르는 이공계대학 신입생"이라는 문구가 자주 등장할 정도이다.

그러면 미적분을 최초로 발견한 수학자는 누구인가? 멀리 고대 그리스 시대까지 거슬러 올라가자면 그 당시의 학자들도 미적분의 대략적 개념을 알고 있었다고 볼 수 있다. 고대 그리스에서 갖은 궤변을 늘어놓은 것으로 잘 알려진 이른바 소피스트의 한 사람인 제논(Zenon, BC 495-435)은 "발이 빠른 아킬레스는 거북과의 경주에서, 거북이 조금만 앞서 출발한다면 거북을 이길 수 없다"는 역설적인 주장을 펼친 바 있다.

그리스 신화에 나오는 영웅 아킬레스가 거북도 따라잡지 못한다는 게 말이 되느냐고 묻는 시민들에게 그는 "아킬레스가 처음에 거북이 있던 곳까지 달려가면, 그 사이에 거북은 그보다 조금 앞서가 있을 것이고, 다시 아킬레스가 거북의 위치까지 가면 거북은 또 그보다 조금 더 나아가 있을 것이다. 이렇게 반복되면 아킬레스는 영원히 거북을 따라잡을 수 없다"라고 말해 당시의 수학자, 철학자들마저 고개를 갸우뚱하게 만들었다.

또한 그는 "날아가는 화살은 찰나의 순간에 보면 공중에

멈춰 있다"는 화살의 역설(Arrow paradox)도 설파하였다. 고대 중국의 제자백가 중 하나로서 소피스트와 유사한 궤변학파인 명가(名家)의 사상가인 혜시(惠施, BC 370?-309?) 역시 제논과 비슷한 얘기들을 남긴 바 있다. 이 유명한 역설들은 어찌 보면 곧 '극한값'의 개념, 즉 미분 개념의 필요성을 암시하는 것이라고 볼 수 있다.

또한 고대 그리스의 탁월한 과학자이자 수학자였던 아르키메데스(Archimedes, BC 287?-212)는 원뿔, 구의 체적을 구할 때 얇게 자른 원기둥들을 차곡차곡 쌓아올리는 방법을 이용하였다. 이것은 오늘날 적분의 기초인 구분구적법과 같은 이치인데, 그는 또한 π로 표시되는 원주율, 즉 원의 둘레를 지름으로 나눈 값을 3.14라는 소수 둘째 자리까지 정확히 계산한 인물이다.

이에 앞서서 안티폰(Antiphon)이라는 고대 그리스 학자는 원에 내접하는 정사각형을 그린 뒤, 정팔각형, 정십육각형 등 계속 변의 개수를 두 배씩 늘려가면 원의 넓이와 같은 다각형의 넓이를 구할 수 있다고 생각하였다. 이 또한 적분과 유사한 개념인데, 아르키메데스는 안티폰의 아이디어를 바탕으로 원주율을 계산해냈던 것이다.

근대 과학이 발전하면서 미적분법을 제창, 체계화한 사람으로 꼽히는 사람 중 한 명이 그 유명한 뉴턴(Isaac Newton, 1642-1727)이다. 흔히 인류 역사상 가장 위대했던 과학자를 한 사람만 꼽으라면 뉴턴을 꼽는 사람이 많은데, 미적분의 발견은 만유인력 법칙의 발견, 광학의 체계화와 더불어 그의 3대 업적으로 불린다.

뉴턴과 비슷한 시기에 미적분법을 처음 제창했다고 이야기되는 수학자로서 독일의 라이프니츠(Gottflied Wilhelm Liebniz, 1646-1716)가 있다. 라이프니츠는 대학에서 법률학을 전공했지만 수학, 자연과학, 신학, 철학에 두루 흥미를 갖고 연구한 박식한 인물로, 수학의 발전에도 많은 공헌을 하였다.

그런데 '누가 먼저 미적분법을 발견했는가?'를 두고 매우 치열한 논쟁이 있었는데, 우선권을 둘러싼 숱한 논쟁 중에서도 이처럼 격렬하고 오래 지속되었던 것은 드물다. 뉴턴이 미적분에 관한 구상을 한 것은 영국에서 페스트가 크게 유행하면서 대학이 폐쇄되어 고향에 돌아가 있던 1666년 무렵이라고 한다. 후세의 사학자들이 '황금의 18개월'이라고 일컫는 이 기간은 뉴턴의 과학 연구에서 가장 중요한 시기로 여겨진다.

뉴턴은 미분을 '유율'이라 표현하였는데 이는 곡선 위 특정 지점에서의 순간 변화율, 즉 도함수의 미분계수를 의미한다. 또한 미분의 역산으로서 적분도 발견했다. 뉴턴이 미적분법을 발견하고 이를 더 발전시킨 것은, 그의 다른 업적인 운동법칙과 만유인력의 법칙과도 밀접한 관련이 있다.

예를 들어 지구와 같은 거대한 물체에 만유인력이 미칠 경우 뉴턴은 지구의 중심, 즉 물체의 질량 중심에 그 힘이 작용한다고 볼 수 있음을 적분법을 사용하여 증명하였다. 이는 근래에 국내 대입수학능력시험 국어 영역 문제로도 출제되어 난이도 등의 논란을 빚은 바 있다.

그러나 뉴턴은 미적분을 일찍 발견하였지만 공식적으로 발표하지 않았다. 1686년에 발표된 그의 대표 저서 『프린키피아』, 즉 『자연철학의 수학적 원리(Philosophie Naturalis Principia Mathematica)』에도 미적분은 사용되지 않았고, 극한의 개념을 차용한 듯한 대목이 일부 있을 뿐이다.

라이프니츠는 시기적으로는 뉴턴보다 약간 늦었지만 역시 비슷한 시기에 독자적으로 무한급수와 미적분의 개념을 정립하고 발전시켰다. 그는 오늘날 수학에서 널리 사용되는 대부분의 미적분법 기호들을 만들었다. 즉 합계(Sum)를 의미하는 두문자 S를 아래위로 잡아당겨 ∫라는 적분기호를 제안했고, dx, dy의 미분기호도 만들어서 쓰는 등 합리적이고 편리한 기호 체계를 제창했다.

뉴턴은 미적분법에 대해 논문을 출판하는 대신, 1676년부터 시작된 라이프니츠와의 서신 왕래에서 당시 유행하던 수수께끼 문자로 미적분 개념을 설명했다고 한다. 뉴턴의 첫 편지에는 "6acc... 9n4o... 12vx" 등의 기호가 쓰여 있는데, 이를 풀이하면 라틴어로 "유량을 표시하는 임의의 수로 된 방정식으로부터 유율을 구할 수 있으며, 역으로 유율을 알면 유량을 나타내는 임의의 수가 포함된 방정식을 세울 수 있다"는 뜻이라고 한다.

라이프니츠는 답장에서 자신이 발전시킨 미적분법을 상세히 기술하였고, 1684년에는 미적분법에 대한 설명을 책으로 펴냈다. 이 무렵에도 뉴턴과 라이프니츠는 사이가 나쁘지 않았고, 도리어 서로를 인정하고 존경하는 편이었다.

그런데 1699년에 스위스의 수학자 드 듀이에(Nicolas Fatio de Duillier, 1664-1753)가 뉴턴이 먼저 발견한 미적분을 라이프니츠가 도용했다고 주장하면서, 이후 격렬해진 우선권 다툼의 불씨를 제공하였다. 라이프니츠는 자신도 독자적으로 미적분법을 발견했다고 항변하면서, 역시 불필요하게 상대방을 자극하는 듯한 태도를 보였다.

이에 다시 뉴턴의 지지자들은 라이프니츠에게 적대감을 지니게 되었고, 결국 1710년에 라이프니츠를 표절 혐의로 고소하기에 이르렀다. 뉴턴의 추종자 중에서도 가장 강하게 라이프니츠를 비난한 이는 스코틀랜드 출신의 수학자 존 케일(John Keill, 1671-1721)이다.

1712년에 런던 왕립학회는 진상조사위원회를 구성하였는데, 당시 왕립학회 회장이 뉴턴이었으므로 결론은 예상대로 '미적분의 최초 발견자는 뉴턴이며, 라이프니츠는 뉴턴의 것을 표절하였다'는 것이었다. 그러나 그 후에도 미적분 우선권 논쟁은 가라앉지 않았고, 영국과 독일 양국의 국민감정까지 개입되면서 더욱 격렬히 지속되었다. 심지어 당사자 두 사람이 죽고 한참이 지나서도 논쟁은 줄기차게 계속되었다.

뉴턴 진영과 라이프니츠 진영의 오랜 미적분 우선권 다툼 과정은 어느 쪽도 공정하고 적절하게 행동했다고 볼 수 없다. 양쪽 다 필요 이상으로 상대방의 공헌을 무시하려든 데에서 논쟁이 지나치게 격렬해졌다고 할 것이다. 또한 논쟁의 도화선에 불이 붙고 서로가 상대방을 도용자라 강경하게 비난하는 진흙탕 싸움이 되고 만 데에는, 두 당사자보다는 주위 추종자들의 역할이 더 컸다고 볼 수 있다.

오늘날 객관적 관점에서 볼 때 두 사람은 각기 독립적으로 미적분을 발견했고, 발견 자체는 뉴턴이 먼저 했으나 발표는 라이프니츠가 앞섰다고 결론지을 수 있다.

인류 최초의 동력비행에 성공한 라이트형제의 비행기

당대 최고 과학자와 무명의 기능공 간의 우선권 다툼

과학기술사상 동시 발견, 발명의 경우 누가 먼저 발견 또는 발명했는가를 놓고 치열한 우선권 다툼이 생기는 경우 또한 많다. 비슷한 시기에 미적분법을 발견한 뉴턴(Isaac Newton, 1642-1727)과 라이프니츠(Gottflied Wilhelm Liebniz, 1646-1716)가 오랫동안 지리한 우선권 논쟁을 벌인 것은 앞서 상세히 설명하였다.

역시 거의 동시에 전화기를 발명한 벨(Alexander Graham Bell, 1847-1922)과 그레이(Elisha Gray, 1835-1901)가 특허권을 둘러싸고 역사적인 법정 소송을 벌인 일 역시 유명한 사례이다. 다만 벨이나 그레이가 전화기의 최초 발명자는 아니며, 한

두 시간 차이의 특허출원으로 특허권이 엇갈렸다는 대중의 인식 역시 역사적 진실과는 크게 다른데, 상세한 것은 후술하기로 한다.

우선권 다툼 중에서도 사회적 지위가 크게 다른 사람들이 부딪힌 경우로 탄광용 안전등과 비행기 발명의 사례가 있다. 이들은 공통점이 매우 많으므로 주목해 살펴볼 필요가 있다.

탄광 내에서의 작업은 예나 지금이나 힘들고 위험한 일인데, 전등이 없어 촛불을 썼던 옛날에는 갱내의 가스로 심각한 폭발사고가 자주 일어났다. 19세기 초 탄광이 밀집한 영국 북부에서는 '탄광사고 예방협회'가 결성되어, 저명한 과학자 험프리 데이비(Humphry Davy, 1778-1829)에게 탄광사고를 막는 방법을 연구해달라고 청하였다.

데이비는 안전한 탄광용 등불을 만들기 위해 연구한 결과, 불꽃 심지를 철사 그물로 감싸면 불꽃이 그물 밖으로 나가지 못하므로, 메탄가스가 흘러 들어가도 폭발이 일어나지 않는다는 사실을 알았다. 결국 데이비는 탄광용 안전등을 발명하였고, 실험을 거친 후 관련 논문을 왕립학회에 발표했다.

그 무렵 영국의 북부 광산에서 근무하던 조지 스티븐슨(George Stephenson, 1781-1848)도 탄광용 안전등을 연구하고 있었다. 그 역시 불꽃이 가느다란 파이프를 통과하지 못한다는 사실을 발견했고, 이를 바탕으로 안전등을 독자적으로 발명하였다.

데이비와 스티븐슨의 안전등은 거의 같은 시기에 선보였으므로 치열한 우선권 논쟁이 벌어졌고, 왕립학회를 중심으로 조사가 진행되었다. 데이비는 훗날 왕립학회 회장까지 맡게 되는 저명한 과학자였던 반면, 스티븐슨은 당시 탄광에 근무하던 가난한 기계공에 불과했으므로 크게 불리한 입장이었다.

결국 조사위원회는 데이비를 안전등의 최초 발명자로 결정하여 탄광주들의 기부금을 모은 2,000파운드의 상금을 그에게 주었다. 그리고 스티븐슨에게도 노력한 대가로 100파운드 정도의 돈을 주었다. 이에 스티븐슨의 탄광 동료들이 격분하여, 푼돈을 털어 1,000파운드를 모금해 안전등 발명자를 기념하는 시계를 사서 스티븐슨에게 보냈다고 한다.

라이트형제, 즉 윌버 라이트(Wilbur Wright, 1867-1912)와 오빌 라이트(Orvill Wright, 1871-1948)는 비행기의 발명자로서 잘

알려져 있다. 그러나 하마터면 비행기 발명의 우선권을 랭글리(Samuel Pierpont Langley, 1834-1906)에게 빼앗길 뻔했다.

1903년 12월 17일, 가솔린엔진과 프로펠러를 장착한 라이트형제의 쌍엽기 플라이어호는 키티호크의 모래 언덕에서 세계 최초의 동력 비행기로서 하늘을 나는 데 성공하였다. 그 직전인 1903년 10월 7일과 12월 8일에 역시 비행기 개발에 힘써온 랭글리가 제작한 비행기의 시험비행이 있었다. 그러나 물 위에서 띄우려 시도한 그의 비행기가 강물에 추락하는 등 시험비행은 두 차례 모두 실패로 끝나고 말았다.

실의에 빠진 랭글리는 몇 년 후 세상을 떠났으나, 랭글리의 제자들은 '비행기 발명의 명예를 자전거포 직공에게 빼앗길 수는 없다'는 비뚤어진 생각에 비행기 발명의 우선권을 가로채려는 음모를 꾸몄다. 라이트형제는 특허 분쟁을 포함하여 진상 규명을 위한 오랜 노력 끝에 비로소 비행기의 최초 발명자로 공인받을 수 있었다. 라이트형제가 소모적인 우선권 분쟁에 시간과 노력을 허비하지 않았더라면, 그들은 비행기 및 관련 과학기술을 발전시키는 데 더욱 큰 공헌을 했을 것이라 아쉬워하는 이들이 적지 않다.

안전등과 비행기의 발명은 치열한 우선권 다툼 외 공통점이 상당히 많다. 첫째, 우선권 다툼의 당사자 간에 사회적 지위가 크게 차이가 났다는 점이다. 안전등 발명을 놓고 다툰 경쟁자 중에서 데이비는 훗날 영국 왕립학회 회장을 역임할 만큼 당대 최고의 과학자였던 반면에, 스티븐슨은 당시에 무명의 탄광 기능공이었고 문맹을 간신히 벗어났을 정도로 교육 수준도 낮았다.

비행기 우선권 다툼의 당사자 역시 랭글리는 저명한 물리학, 천문학 교수 출신에 미국의 유명한 과학기관인 스미스소니언(Smithsonian) 협회 회장까지 지낸 반면에, 라이트 형제는 고졸 학력에 자전거점을 운영하는 기능공이었다.

둘째, 기능공 출신의 발명자가 불리한 조건에도 불구하고 최고의 과학자와 대등하게 경쟁하거나 결국은 우선권 경쟁에서 승리하였다. 그뿐만 아니라, 공교롭게도 훗날에는 기능공 출신의 발명자가 당시의 저명 과학자보다 훨씬 유명해져서 과학기술사에 길이 이름을 남기게 되었다는 점도 동일하다.

안전등의 발명자 중 한 사람인 조지 스티븐슨은 다름 아닌 '증기기관차의 아버지'이다. 물론 그가 증기기관차를 발명하고 실용화에 성공한 것은 그 일이 있고 한참 지난 후 일이지만, 오늘날 험프리 데이비보다는 조지 스티븐슨을 아는 사람이 훨씬 많을 것이다. 역시 랭글리가 생소한 사람은 꽤 있겠지만, 라이트형제를 모르는 사람은 거의 없을 것이다.

안전등과 비행기 발명의 사례는 우리에게 여러모로 생각할 만한 교훈을 남겨준다. 먼저 어찌 보면 '과학'과 '기술'의 역사적 뿌리가 다르다는 것을 의미한다고 볼 수 있겠다. 오늘날에는 '과학기술'이라 하여 둘을 거의 구분하지 않고 쓰는 경우가 많지만, 과학과 기술이 긴밀히 결합되면서 서로 비약적인 발전의 계기를 만든 것은 사실 그다지 오래된 일이 아니다.

또한 과학기술의 발전에 수준 높은 이론보다 구체적인 장인의 기술이 때로는 더 중요하다는 암시가 되기도 한다. 높은 수준의 과학 교육을 받고 탁월한 이론적 능력을 지닌 과학자에 의해 중요한 발견, 발명이 이루어지는 경우가 많지만, 정식 교육을 거의 받지 못한 사람이 개인의 기술적, 장인적 재능과 피나는 노력으로 뛰어난 업적을 남긴 사례도 적지 않다.

나 역시 예전에 연구개발 현업에 종사하면서, 대학교육을 받지 못한 분들이 저명 대학의 박사학위를 지닌 이들보다 더 뛰어난 연구 성과를 낸 사례를 직접 목격한 경험이 여러 번 있다. 물론 숱한 첨단기술과 수준 높은 이론들이 쏟아져 나오는 오늘날 이 같은 일을 자주 볼 수 있을지 장담하기는 어렵겠지만, 그 가능성을 무시하기는 어렵다.

다윈의 진화론을 풍자한 당시의 만화

다윈, 월리스와 진화론 우선권 양보

동시 발견의 경우 격렬한 우선권 논쟁만 있었던 것은 아니다. 서로 최초 발견의 명예를 양보하거나 함께 힘을 모아서 새로운 이론을 개척해간 경우도 있다. 대표적인 예가 자연선택설에 기반한 진화론을 주창한 찰스 다윈(Charles Robert Darwin, 1809-1882)과 알프레드 월리스(Alfred Russel Wallace, 1823-1913)이다.

뉴턴(Isaac Newton, 1642-1727)과 라이프니츠(Gottflied Wilhelm Liebniz, 1646-1716)가 미적분의 발견을 놓고 오랫동안 다툼을 벌인 것과는 매우 대조적으로, 두 생물학자는 상대방의 입장을 먼저 생각하고 겸손하게 양보하는 미덕을 보였다.

자연선택설을 바탕으로 한 생물의 진화 이론을 세운 인물은 영국의 다윈이다. 물론 그전에 프랑스의 라마르크(Jean Baptiste Lamarck, 1744-1829) 등이 용불용설(用不用說)을 주된 내용으로 하는 진화론을 펼친 바 있다. 라마르크의 진화론 또한 재조명되면서 논쟁이 이어지고 있지만, 진화론의 대표격으로 생명과학에 대변혁을 일으키고 오늘날까지 널리 인정받는 것은 다윈의 이론이다.

다윈은 1809년 2월 12일 영국 남부에서 부유한 의사 집안의 아들로 태어났다. 그의 아버지와 할아버지는 모두 훌륭한 의사였고, 특히 할아버지는 철학자이자 시인이기도 했고 생물학에도 일가견이 있는 학자였다. 그가 자연의 역사와 생물의 진화에 대해 노래한 시 중에는 자연선택의 개념과 비슷한 대목도 있다. 다만 아쉽게도 할아버지의 시를 제대로 읽어보지 않았던 다윈에게 그다지 큰 영향을 미치지는 못했넌 것으로 보인다. 어려서부터 식물채집이나 곤충 관찰에 흥미를 가졌던 다윈은 집안의 뜻에 따라 에든버러대학 의학부에 입학하기는 했지만 관심이 없어서 2년 만에 학교를 그만두었다.

그는 다시 케임브리지대학 신학부에 입학했지만 여전히

신학보다는 식물학, 지질학을 공부하는 데에 더 큰 흥미를 느꼈다. 다윈은 1831년에 해군 측량선인 비글(Beagle)호의 탐험에 참여할 기회를 얻었다. 1836년까지 5년에 걸친 이 세계일주 여행은 훗날 다윈 스스로도 "비글호의 항해는 나의 일생에서 가장 중대한 일이었고, 나의 전 생애를 결정지은 것이었다"라고 밝혔을 만큼 그의 진화론 수립에 결정적 영향을 미쳤다.

여러 대륙을 답사하면서 미지의 자연을 접하였고, 특히 남아메리카 대륙과 갈라파고스 제도에 서식하는 생물들이 환경에 따라 다소 달라지는 현상을 관찰하고서 생물의 종은 점진적으로 변화하다는 신념을 갖게 되었다. 또한 생물이 오랜 세월에 걸쳐 변화하는 요인인 환경에의 적응 및 변이와 다양화 등 진화의 중요 원리들을 그때부터 파악했다.

항해에서 돌아온 그는 『비글호 항해기』를 발간해서 호평을 받았고 그 외 생물학 관련 논문을 몇 편 발표했으나, 진화론에 관한 자신의 이론을 본격적으로 발표하지는 않았다. 다윈이 자신의 노트에 진화에 관한 글을 정리하기 시작한 것이 1837년부터였으므로, 그는 자신의 대표 저서 『종의 기원(The Origin of Species)』을 발표하기까지 무려 20여

년에 걸쳐서 조용히 진화론 연구를 계속했던 것이다.

다윈의 진화론에 큰 영향을 미쳤던 동료 과학자 중에는 스코틀랜드 출신의 지질학자 찰스 라이엘(Charles Lyell, 1797-1875)이 있었는데, 다윈과 절친한 사이였던 그는 다른 사람에게 선수를 빼앗길 것을 우려하며 발표를 서두르라고 충고하였다. 그러나 다윈은 자신의 이론을 더 완벽하게 정립하려 해 더 늦어졌고, 자신의 진화론을 공개하면 종교계가 극심한 반발을 보일 것을 우려하여 발표를 미룬 면도 있었다. 이러한 다윈의 염려는 나중에 『종의 기원』이 발표된 후 현실화되기도 했다.

다윈이 『종의 기원』 원고를 한창 쓸 무렵인 1858년 6월, 월리스라는 생물학자로부터 논문이 동봉된 편지를 한 통 받게 되었다. 그는 말레이 반도 인근을 여행하며 조사하던 중에 인접한 여러 섬에서 생물종이 변이하는 현상을 관찰하고서, '변이 종이 원형으로부터 완전히 이질화하는 경향에 대하여'라는 제목의 논문을 썼고 이를 당시 이미 유명 학자였던 다윈에게 보내 의견을 물었던 것이다.

그 논문의 내용은 놀랍게도 다윈의 오랜 연구 결과와 거의 같았다. 다윈은 우연의 일치에 놀랄 수밖에 없었다. 라이엘이 우려했던 일이 벌어지자 다윈은 그에게 고민을 토로하면서, 남의 우선권을 가로챘다는 비난을 우려하며 자신의 진화론 발표를 주저하기도 하였다. 그러나 다윈의 또 다른 친구였던 식물학자 후커(Joseph Dalton Hooker, 1817-1911)와 라이엘이 함께 나서서, 다윈과 월리스의 공동논문 형식으로 학회에서 발표하였다. 다윈은 이듬해인 1859년에 『종의 기원』을 마침내 출판하여, 생물학뿐 아니라 여러 다른 학문에도 큰 영향을 미치며 유럽 사회 전반에 대단한 반향을 일으켰다.

자연선택에 의한 진화론을 거의 동시에 주창한 다윈과 월리스 모두 영국의 경제학자 맬서스(Thomas Robert Malthus, 1766-1834)의 『인구론』에서 큰 영향을 받은 것이 공통적이다. 이 책에는 "코끼리의 수는 오래전과 거의 비슷한데, 그 이유는 제한된 식량 때문이다"라는 대목이 나오는데, 다윈은 여기에서 진화의 원리에 대한 단서를 찾아낼 수 있었다. 즉 제한된 자원은 개체 간의 생존경쟁을 일으키면서 결국 환경조건에 가장 잘 적응하는 것들이 성공한다는 자연선택의 모델을 발견한 것이다. 월리스 역시 젊은 시절에 읽은 『인구론』으로부터 비슷한 영감을 얻었다.

또한 두 사람은 갈라파고스 제도와 말레이 군도라는 외딴섬에서 관찰한 것을 토대로 이론을 정립했다는 점도 동일하다. 다윈이 갈라파고스에서 중요한 사실들을 발견했듯이, 월리스 역시 말레이시아 인근 해협을 사이에 두고 서식하는 동물들이 현격히 다른 점에 주목하였다.

그러나 다윈과 월리스 모두 겸손하고 인품이 훌륭한 사람들이어서 그런지, 우선권 다툼을 벌일 생각조차 하지 않았다. 월리스는 자연선택에 따른 진화이론을 스스로 '다윈주의'라고 부르기를 제안하면서, 다윈이야말로 진화론을 전개하기에 가장 적합한 인물이라며 존경을 표하였다. 그는 1858년 논문 발표로 얻은 자신의 가장 훌륭한 결과는, 바로 다윈이 『종의 기원』을 더 이상 미루지 않고 출판하게 된 것이라고까지 말하였다.

다윈 역시 라이엘에게 보내는 편지에서 "만일 월리스가 나의 초고를 미리 읽어보았다 해도 이토록 훌륭한 초록을 쓸 수는 없었을 것이다"라면서 월리스의 논문을 높게 평가하였다. 다윈은 또한 월리스의 겸손을 존경하면서, 월리스가 시간이 더 있었더라면 자신 이상으로 진화론을 더 잘 전개했을 것이라고 추켜세웠다.

최초 발견의 명예를 서로 양보하면서 우선권 다툼이 없었던 아름다운 장면은 과학의 역사에서 매우 드문 경우라 하겠다.

레이저를 이용한 실험 장면

동시 발명의 다른 사례들 — 알루미늄과 레이저

동시 발견과 발명의 몇 가지 대표적인 예를 더 들자면, 수학 분야에서 미적분법 발견 외에 네이피어(John Napier, 1550-1617)와 뷔르기(Jobst Bürgi, 1552-1632)에 의한 로그(Log)의 발견 등이 있다.

물리학 분야에서는 무려 네 명의 과학자, 즉 마이어(Robert Mayer, 1814-1878), 줄(James P. Joule, 1818-1889), 콜딩(Ludvig A. Colding, 1815-1888), 헬름홀츠(Hermann von Helmholtz, 1821-1894)에 의해 거의 같은 시기에 연구된 에너지 보존의 원리가 있다.

생물학 분야에서는 대발견이었음에도 수십 년간 잊혔던 멘델의 유전법칙이 세 명의 생물학자, 즉 네덜란드의 드 브리스(Hugo De Vries, 1848-1935), 독일의 코렌스(Carl Erich Correns, 1864-1933), 오스트리아의 체르마크(Erich Tschermak von Seysenegg, 1871-1962)에 의해 1900년에 재발견되었다.

기술적 발명에서도 동시 발명의 사례가 매우 많다. 그중 알루미늄의 제련법 발명과 레이저의 발명을 구체적으로 살펴보고자 한다.

알루미늄(Al)은 현대 공업문명사회에서 중요한 금속자원이지만 대량제조법, 즉 실용적 제련법이 개발된 것은 그리 오래되지 않았다. 즉 철이나 구리 등의 다른 금속들이 청동기시대, 철기시대부터 대량 사용된 데에 비해, 알루미늄은 19세기에 들어서도 대량으로 제조하는 방법이 확립되지 않았다. 알루미늄은 화학적으로 이온화 경향이 크고 다른 원소와의 결합력이 매우 강해서, 독립된 원소로 분리해내기가 상당히 힘들기 때문에, '찰흙에서 나온 은'이라고 불릴 정도로 귀금속이었다.

실용적인 알루미늄 제련법을 발명한 사람 중 한 명이 미국의 화학기술자 홀(Charles Martin Hall, 1863-1914)이다. 그는 1886년에 산화알루미늄 원료인 보크사이트에 빙정석(Na_3AlF_6)을 넣고 가열하여 용융상태로 만든 후 직접 전기분해를 하는 방식으로 알루미늄을 대량 추출하는 데에 성공하였다. 22세의 젊은 나이에 알루미늄의 경제적인 제조법을 확립한 그는 회사를 차려서 많은 돈을 벌어들이다가 51세에 세상을 떠났다.

그런데 홀이 새로운 알루미늄 제법을 발견한 해인 1886년에 프랑스에서는 에루(Paul Louis T. Héroult, 1863-1914)라는 야금학자가 홀과 같은 방법인 용융빙정석을 이용한 전기분해법으로 알루미늄을 만드는 방법을 개발하여 프랑스 특허를 취득하였다. 물론 홀과는 아무런 사전 관계나 교류가 없었는데, 기존의 알루미늄 제법보다 훨씬 경제적인 이 방법은 두 사람의 이름을 따서 '홀-에루법'이라고 불리게 되었다.

홀과 에루는 태어난 해도 1863년으로 같고, 22세로 같은 나이인 1886년에 똑같은 알루미늄 제법을 각각 발견하였고, 심지어 죽은 해도 1914년으로 같다. 동시 발명의 우연으로는 상당히 기이하기도 하다.

오늘날 광범위한 분야에서 널리 이용되는 레이저의 원리는 미국과 구소련의 과학자들에 의해 거의 같은 시기에 발견되었다. 영어로 '복사의 유도 방출과정에 의한 빛의 증폭'의 머리글자 약어인 레이저(Laser, Light Amplification by Stimulated Emission of Radiation)는 미국에서는 타운스(Charles Hard Townes, 1915-2015) 등에 의해 탄생하였다.

보통의 빛과는 다른 레이저광의 중요한 특징으로서, 단일한 파장의 빛을 방출하는 단색성, 옆으로 거의 퍼지지 않고 앞으로 똑바로 나아가는 직진성, 매우 밝고 출력이 큰 고휘도성, 그리고 가간섭성을 들 수 있다. 고주파 발생장치를 개발하던 그의 연구팀은 1917년 아인슈타인(Albert Einstein, 1879-1955)에 의해 발표된 유도방출에 의한 전자기파 발생 이론에 주목한 끝에, 결국 같은 파장으로 일정한 방향으로만 진행하는 새롭고 강력한 빛인 레이저를 얻을 수 있었다.

그런데 비슷한 시기에 구소련에서 양자광학 등을 연구하던 바소프(Nikolai Gennadiyevich Basov, 1922-2001)와 프로호로프(Aleksandr Mikhailovich Prokhorov, 1916-2002) 역시 독립적으로 레이저를 발명하였다. 미국과 소련의 이들 세 명의 과학자들은 레이저 발명의 공로를 인정받아 1964년도 노벨물리학상을 공동으로 수상하였다.

이러한 동시 발견, 발명에 대하여, 과학적으로 중요한

발견은 시대에 부합해야 한다거나 시기가 무르익어야 한다는 식으로 생각할 수도 있겠지만, 해당 과학기술자에게는 유리하게도 또는 불리하게도 작용할 수 있음을 유념해야 할 것이다.

즉 획기적인 연구개발 성과의 발표를 앞두고 한껏 고무된 사람이라면, 다른 과학기술자들도 비슷한 연구를 진행하고 있지 않은지 한번 확인해보고, 가치가 큰 기술이라면 우선권을 빼앗기지 않도록 특허출원을 서둘러야 한다. 반면에 남들이 거의 알아주지 않는 연구를 홀로 힘들게 진행하는 사람이라면, 누군가 같은 연구를 하고 있을 가능성을 생각하면서, 실제로 그런 동료 과학기술자를 찾거나 교류하면서 함께 연구하여 더 좋은 결과를 낼 수도 있다.

동시 발명의 사례는 앞으로도 자주 반복될 가능성이 크다. '태양 아래 새로운 것은 없다'는 말에서 교훈을 얻을 필요가 있다. 인류가 오랫동안 쌓아온 지식의 바탕 위에 보완하거나 추가하는 경우든, 기존과 사뭇 다른 무척 새로운 것이든, 동시대의 사람이라면 혼자만이 아닌 여러 명이 동시에 같은 생각을 하고 비슷한 성과를 낼 수 있다는 의미이다.

"전화기의 참된 발명자 필립 라이스"라고 쓰인 라이스의 묘비
© Karsten Ratzke

전화기의 최초 발명자는?

오늘날 거의 모든 사람의 생활필수품이 되다시피 한 전화기의 최초 발명 및 특허권에 대해서 많은 사람들이 벨(Alexander Graham Bell, 1847-1922)과 그레이(Elisha Gray, 1835-1901)의 이야기를 떠올릴 것이다. 즉 두 발명가가 거의 같은 시기에 전화기를 최초로 발명하여 미국 특허청에 경쟁적으로 특허를 출원하였으나, 벨이 그레이보다 한두 시간 앞서서 특허를 신청하였기 때문에 정식 특허권자로서 인정을 받을 수 있었다는 이야기이다.

'1등만 기억하는 세상'을 반영하듯 언젠가 모 기업의 이미지 광고에도 인용된 적이 있듯이, 이는 마치 극적인 차이로 나중에 운명이 크게 엇갈린 대표적인 사례처럼 알려져 있다.

그러나 역사적 진실은 이와 크게 다르다. 벨이 전화기의 '최초' 발명자도 아닐뿐더러, 그레이가 전화기의 특허권 획득 및 이후 사업화 과정에서 밀려난 것은 특허 신청이 재빠르지 못해서도 전혀 아니다.

벨과 그레이가 미국 특허청에 전화기 특허를 출원한 것은 1876년 2월 14일이었다. 그런데 벨이 그레이를 제치고 전화기의 발명자로 인정받고 전화 사업에서도 크게 성공한 것은, 특허를 한두 시간 먼저 출원한 사실과는 거의 관련이 없다.

음성학자 출신으로서 아마추어 발명가라 볼 수 있는 벨이 성공을 거둔 진짜 이유는, 발명 이후에도 '통신수단으로서 전화의 실용성'에 대한 확신을 가지고 꾸준히 자신의 길을 걸었기 때문이다. 반면에 전문 발명가였던 그레이는 벨보다 성능이 우수한 전화기를 발명하고도, 전화의 실용화를 위한 노력을 그다지 기울이지 않았다.

벨의 할아버지와 아버지는 음성학자이면서 농아들에게 말을 가르치는 교육자였는데, 벨 역시 집안의 전통을 따라

음성학을 연구하면서 농아학교를 운영하기도 하였다. 벨이 전화를 발명한 동기도 역시 농아들에게 발성법을 더 잘 가르치려던 것에서 출발하였다.

벨과 비슷한 시기에 전화기를 발명한 그레이는 대학에서 물리학을 전공하였고, 주로 전자기학 분야에서 유능한 발명가로서 이름을 날렸다. 그레이는 전문 발명가였기에 그의 전화기는 벨의 것보다 성능 면에서 더 우수했다고 한다. 그러나 당시 미국의 통신사업을 독점하던 거대기업 웨스턴 유니언(Western Union) 전신회사의 후원을 받던 그레이는, 전화보다는 회사와 직접 관련 있는 다중전신을 개발해 달라는 요구를 받았고, 스스로도 전화의 실용화에 크게 기대를 걸지 않았다. "전화라는 것은 통신수단이 되기에는 결점이 너무 많다. 이 기구는 우리에게 별로 가치가 없다"라고 했던 웨스턴 유니언 최고경영자의 말은 이제 역사적 망언(?)이 되었다.

반면에 웨스턴 유니언과 별 관계가 없던 벨은 누구의 눈치도 보지 않고 독자적으로 전화의 실용화 및 사업화를 밀어붙였고, 이는 결국 그레이 측과의 격렬한 특허분쟁에서도 승리할 수 있는 커다란 요인이 되었다.

벨이 전화회사를 설립하여 본격적으로 전화 사업에 나섰고, 발명왕 에디슨(Thomas Alva Edison, 1847-1931)도 성능 좋은 전화기 발명에 동참하면서 전화는 장난감이 아니라 전신을 대체할 만한 실질적 통신수단으로서 부각되었다. 그제야 눈독을 들인 웨스턴 유니언 사는 벨 전화회사와 격렬한 특허분쟁을 벌였으나, 이미 때는 늦었다.

사실 벨과 그레이보다 앞서 전화기를 발명했다고 여겨지는 인물은 여럿 있다. 그중에서도 독일의 과학자 필립 라이스(Johann Phillip Reis, 1834-1874)는 전화기를 최초로 발명한 유력한 후보로 꼽힌다. 그는 독일의 공업학교 선생으로 일하면서 전화기를 발명했는데 '소리를 멀리 전달하는 장치'라는 뜻의 'Telephone'이라는 용어를 최초로 쓴 사람도 그이다.

라이스가 전화기를 발명한 것은 벨이나 그레이보다 10년 이상 앞선 1860년대 초였으나, 그의 발명품은 그저 '소리를 전달하는 흥미로운 장난감' 정도로 여겨졌을 뿐 실질적인 통신수단으로 인정받지 못했다. 라이스는 전화기의 실용화를 위해 무척 힘썼으나, 결국 성공하지 못했고 질병과 가난에 지쳐 1874년에 쓸쓸히 세상을 떠났다. 나중에 라이스의 묘소에는 “전화기의 참된 발명자 필립 라이스”라고 쓰인 비석이 세워졌다.

전화기의 최초 발명자로 자주 거론되는 또 다른 인물로 이탈리아 출신의 발명가 안토니오 메우치(Antonio Meucci, 1808-1889)가 있다. 그는 전화기를 발명하여 1871년에 임시 특허를 신청했고, 돈이 없어서 정식 특허 등록은 못했다고 한다. 그리고 메우치가 특허 등록을 위해 웨스턴 유니언과 협의하는 동안에 전화기의 모델과 설계도를 잃어버리는 불행이 겹쳤고, 전화기 특허를 받은 벨과 법정 소송을 벌이게 되었다. 그러나 1889년 메우치가 사망하면서 지리한 소송전은 막을 내렸다.

2002년 미국 의회는 메우치가 전화기를 처음 발명했다고 인정하는 결의안을 통과시켰고, 일각에서는 이를 근거로 메우치가 공인된 전화기의 최초 발명자라 주장하기도 한다. 그러나 미국 의회의 결의안이란 정치적 성격이 짙은 선언일 뿐, 역사적 진실을 엄정히 판정한다고 보기는 힘들다. 이후 캐나다 의회에서 이를 반박하여 벨이 전화기의 최초 발명자가 맞는다는 결의안을 낸 적도 있다.

자신의 전화기를 시험 중인 벨(1892년)
© E. J. Holmes

벨과 그레이가 만약 한국 특허청에 전화발명 특허를 냈다면?

앞서 언급하였듯이 벨(Alexander Graham Bell, 1847-1922)과 그레이(Elisha Gray, 1835-1901)의 전화 발명 및 우선권 다툼은 그동안 대중이 알던 것과 역사적 진실이 상당히 다른데, 이번에는 특허제도라는 조금 다른 각도에서 생각해보고자 한다. 만약 한두 시간 차이의 특허 출원으로 특허권이 엇갈렸다면, 많은 지적재산권 전문가나 관련 법률가도 고개를 갸웃거릴 수밖에 없을 것이다.

좀 엉뚱하게 들릴지 모르지만, 벨과 그레이가 전화기를 각각 발명하여 우리나라의 특허청에 벨이 그레이보다 한두 시간 앞서 특허를 출원했다고 가정하면, 누가 특허를 받을 수 있을까? 물론 전화기는 아직 이 세상에 없던 새로운 발명품이라고 가정한다.

독자 여러분과 함께 퀴즈(?)를 풀기 위해 객관식 예시를 들어보자면 다음과 같다. 1) 벨이 단독으로 특허를 얻을 수 있다. 2) 벨과 그레이가 공동으로 특허를 얻을 수 있다. 3) 둘 다 특허를 받을 수 없다. 4) 알 수 없다.

현재 우리나라의 특허 제도는 당시 미국의 특허 제도와는 상당히 다르다. 그럼에도 불구하고 이런 예를 든 데는 이유가 있는데, 일단 정답부터 확인해보고 계속하는 것이 좋을 듯하다. 뜻밖이라고 생각하는 분도 많겠지만, 정답은 '4) 알 수 없다'이다. 우리나라의 특허법 제36조에는 동일한 발명이 두 개 이상 특허출원이 된 경우에 어떻게 할 것인지를 두고 다음과 같이 규정하고 있다.

① 동일한 발명에 대하여 다른 날에 2 이상의 특허출원이 있는 때에는 먼저 특허출원한 자만이 그 발명에 대하여 특허를 받을 수 있다.

② 동일한 발명에 대하여 같은 날에 2 이상의 특허출원이 있는 때에는 특허출원인의 협의에 의하여 정하여

진 하나의 특허출원인만이 그 발명에 대하여 특허를 받을 수 있다. 협의가 성립하지 아니하거나 협의를 할 수 없는 때에는 어느 특허출원인도 그 발명에 대하여 특허를 받을 수 없다.

(이하 생략)

즉 동일한 발명이 특허출원을 다툴 경우, 우리나라의 특허법은 발명의 선후에 관계없이 누가 먼저 특허를 출원했는가를 중시하며, 이를 '선출원주의'라고 한다. 그러나 위의 조항에서 알 수 있듯이, 특허가 출원된 날짜까지만 선후를 판정하며, 실제의 출원 '시각'은 고려하지 않는다.

벨과 그레이가 같은 날 같은 발명을 출원했다면, 서로 협의하여 공동으로 출원할 것인지, 아니면 한 사람의 이름으로만 특허를 출원하고 다른 사람에게는 나중에 이익을 나눈다든지 하는 식으로 타협을 볼 수 있다. 그러나 협의가 원만히 이루어지지 않으면 안타깝게도 둘 다 특허를 받을 수 없다. 이처럼 여러 상황에 따라서 달라지므로, 퀴즈에 대한 정답은 '알 수 없다'가 된다.

그러면 미국의 경우는 어떨까? 미국 역시 지금은 우리나라와 같은 선출원주의를 채택하고 있지만 벨과 그레이의 시대에는 전혀 달랐다. 즉 당시 미국에서는 출원 시점의 선후에 따라 특허 여부가 달라지는 것이 아니라, 실제로 누가 먼저 발명을 완성하였는가를 중시하여 판정하였다.

이를 '선발명주의'라고 하는데, 미국은 2013년에 선출원주의로 개정하기 전까지 특허제도로서 오랫동안 세계에서 거의 유일하게 선발명주의를 고수해왔다. 따라서 벨이 그 당시에 미국에서 특허권을 정식으로 획득한 것은 그레이보다 앞서서 전화기 발명을 완성했다고 인정받았기 때문이지, 한두 시간 먼저 특허를 신청했다고 된 일이 결코 아닙니다.

물론 발명을 누가 먼저 완성했는가를 판단하는 문제는 그리 간단하지 않은데, 미국의 특허청에서는 대략 세 가지로 나누어서 이를 고려해왔다. 즉 발명을 착상(Conception)하는 것, 그 후 이를 구체화하여 구현하는 실시화(Reduction to practice) 과정, 그리고 착상과 실시화에서 열심히 한 정도(Diligence)가 그것이다.

두 사람 이상이 동일 발명을 다투는 경우, 어느 한쪽이 착상과 실시화 모두 앞섰다면 물론 그 사람이 먼저 발명을 완성한 것이 되어 특허를 받을 수 있다. 그러나 착상과 실시화에서 선후가 각각 달라지거나 전반적으로 선후를 판단하기 어렵다면, 열심히 한 정도까지 종합적으로 고려하여 특허 부여를 판단한다.

벨과 그레이의 경우, 벨은 전화기 발명의 착상과 실시화뿐 아니라 이후 대중적인 보급을 위한 실용화 및 사업화 과정에서도 대단히 열심히 노력하였다. 그러나 그레이는 자신의 발명품에 그다지 기대와 노력을 기울이지 않았고, 그레이를 후원하던 당시의 거대 통신회사 웨스턴 유니언사 역시 전화기를 '흥미 있는 장난감' 정도로 생각하고 실용성을 인정하지 않았다.

따라서 어느 면에서 보나 벨이 그레이를 제치고 특허를 얻을 수밖에 없는 상황이었다. 벨은 자신의 전화기 발명에 관한 특허권을 지키기 위하여, 무려 수백 번이나 법정에서 자신의 특허를 방어할 정도로 열성적이었다고 한다.

결국 '한두 시간 차이로 특허권이 엇갈렸다'는 일반의 통념은, 선출원주의의 관점에서 보나 선발명주의의 관점에서 보나 맞지 않는다.

다만 특허출원도 하나의 실시화로 간주(Constructive reduction to practice)될 수 있으므로, 상대방보다 특허를 먼저 내는 것도 완전히 무시할 수 없는 경우가 있다. 그러나 이는 참작되는 여러 요소 중 하나이지, 한두 시간 차이로 특허권이 엇갈리는 결정적 요소는 될 수 없다.

벨이 특허출원한 날인 1876년 2월 14일에 그레이도 독자적으로 특허를 신청했는데, 정확히는 벨과 달리 특허권 보호신청(Caveat)을 냈던 것이다. 그러나 그레이는 전화의 실용성에 대해 별로 중요하게 생각하지 않았고, 특허권 보호신청 후에 자신의 재정적 후원자와 박람회에 관해 협의하려고 필라델피아로 떠날 정도로 한가하게 여유를 부렸다.

벨에 관한 일화 중에서 매우 유명한 것이 하나 있다. 즉 벨이 전화기의 성능을 시험하다가 산(酸)을 엎지르는 실수를 저지르자 다급하게 "왓슨 군, 어서 이쪽으로 좀 오게"라고 했는데, 이 말을 조수인 왓슨(Thomas Augustus Watson, 1854-1934)이 전화선을 통해서 똑똑하게 들었다는 이야기이다.

이것은 1876년 3월 10일의 일로, 벨이 특허를 출원한 지 3주 정도 지난 후이다. 그렇다면 벨은 특허 신청 후에야 발명의 실시화를 완성했다는 의미가 된다. 이 사건이 실제로 있었던 것인지, 혹은 그럴듯하게 꾸며낸 이야기인지에 대해서도 말이 많지만, 아무튼 이 때문에 그동안 숱한 논란이 되어온 것도 사실이다.

전화기의 완성도에서 뒤졌던 벨이 도리어 그레이의 발명을 도용했다는 주장마저 있지만, 객관적으로 판단한다면 '벨과 그레이는 비슷한 시기에 독자적으로 전화를 발명하였고, 전화기의 성능은 전문 발명가였던 그레이의 것이 다소 앞섰지만, 전화의 실용화에 언제나 열심이었던 벨이 특허권 획득과 사업에서 성공하였다'라고 결론 내릴 수 있다.

결국 한두 시간의 특허 출원 시간 차이가 아니라, 전화기에 대한 인식과 발상의 차이가 벨과 그레이 및 관련 회사들의 운명을 바꾸었다.

무선전력과 무선통신에 대해서도 연구했던 니콜라 테슬라

테슬라가 무선 통신의 발명자?

국내에서도 상영된 영화 중 토머스 에디슨(Thomas Alva Edison, 1847-1931)과 니콜라 테슬라(Nikola Tesla, 1856-1943) 간의 전류 전쟁을 다룬 영화 〈커런트 워(Current War)〉(2017)가 있다. 에디슨 역에 베네딕트 컴버배치, 테슬라 역에 니콜라스 홀트, 그리고 톰 홀랜드 등 유명 배우들이 등장하는 데 비해 흥행 성적은 그다지 좋지 않았다. 그러나 1880년대 후반부터 미국의 전력공급 체계를 장악하기 위해 벌어진 직류 진영과 교류 진영 사이의 치열한 다툼을 나름 잘 묘사했다.

영화에도 나오듯이 테슬라와 웨스팅하우스의 교류 진영이 1893년 시카고 만국박람회에서 대규모 전등 입찰 수주에 성공한 것, 그 직후 나이아가라 폭포에 건설된 세계 최초의 수력발전소가 교류 승리의 결정적 계기를 제공하였다. 세계적인 관광 명소이기도 한 나이아가라 폭포에는 테슬라의 업적을 기리는 동상이 설치되어 있다.

테슬라가 에디슨과의 경쟁에서 결국 승리하여 현대적인 교류 송전체계의 확립에 크게 공헌한 인물이라는 사실은 이제 잘 알려졌지만, 테슬라와 관련하여 여전히 논란이 되는 부분들이 적지 않다. 즉 테슬라가 마르코니(Guglielmo Marconi, 1874-1937)에 앞서서 무선통신을 최초로 발명했는가 하면, 뢴트겐(Wilhelm Conrad Röntgen, 1845-1923)보다 먼저 X선을 발견했고, 레이더 등 현대식 군사 기술 및 무기 연구에서도 수많은 선구적인 업적들을 남겼다고 주장하는 사람들이 있다.

이러한 주장을 입증할 만한 자료들이 그다지 남아 있지 않기 때문에 정확한 사실을 파악하기가 쉽지 않은데, 다만 테슬라의 무선통신 발명에 대해서는 특허 등의 비교적 설득력 있는 증거들이 존재해 오랫동안 논란이 되어왔다. 즉 무선전신 자체에 대한 미국 특허 출원이 테슬라가 더 빨랐는데, 이는 다른 분쟁과 관련하여 1943년에 미국 대법원에서 사실로 인정된 바 있다. 그러나 무선통신의 원천기술에 대한 특허 출원은 마르코니가 영국에서 먼저 한 데다, 무선통신의 실용화에 필요한 여러 후속 특허들을 취득하고 사업화에 성공한 사람은 분명 마르코니이다.

따라서 무선통신의 발명자를 테슬라로 수정해야 한다는 주장에는 무리가 있으며, 마르코니는 무선전신의 사업화 성공뿐 아니라 그 과정에서 전리층의 존재까지 발견한 공로로 기술적 업적으로는 드물게 1909년도 노벨물리학상까지 수상했다.

발명의 역사에서 어떤 제품이나 기술의 최초 발명자로 대중적으로 널리 알려진 인물들이 사실은 그것을 '최초로' 발명한 사람이 결코 아닌 경우가 대단히 많으며, 이는 앞에서 여러 사례로 언급했다. 우리에게 최초 발명자로 익숙한 위 인물들은 사상 처음으로 그것을 '발명'했다기보다는, 그 제품의 사업화와 실용적 보급에 성공하여 역사에 길이 이름을 날린 경우들이다.

벨(Alexander Graham Bell, 1847-1922)의 전화, 에디슨의 전구 역시 비슷한 경우이다. 벨의 전화 발명을 둘러싸고도 숱한 논란과 의혹 제기가 있었고, 아직도 논쟁이 그치지 않고 있다. 벨보다 앞서서 전화를 발명한 사람들도 분명 있었고, 벨의 전화는 경쟁자였던 그레이(Elisha Gray, 1835-1901)의 기술을 도용했다는 주장도 있다.

그러나 벨이 전화를 최초로 발명했든 아니든, 결코 변하지 않는 사실 하나는 벨이 단순히 전화 발명 자체로만 명성을 얻은 것이 아니라, 각고의 노력 끝에 전화를 대중화하는 사업을 성공시킴으로써 역사에 길이 이름을 남겼다는 점이다.

에디슨의 전구 발명 역시 마찬가지이다. 에디슨 전에도 전구를 발명한 사람, 혹은 백열전구와 유사한 전기 조명기구를 만든 사람이 없지 않았다. 물론 그들이 발명한 전구는 수명이 불과 몇 초밖에 안 되었으므로 실용화가 불가능했고, 발명의 완성이라는 면에서도 문제가 많았다. 하지만 아무튼 에디슨이 '최초로' 전구를 발명했다고 말하기에는 무리가 따른다.

에디슨의 전구는 실용화가 가능할 정도로 수명이 길었다는 점도 발명의 완성이라는 면에서 중요한 사실이지만, 에디슨의 전구 발명이 인류사에 길이 남을 대단한 업적이 된 것은 그가 전구 발명에 그치지 않고 그 실용화를 위한 시스템을 만들었고, 대중적으로 널리 보급하는 데에 성공했기 때문이다.

시스템에는 여러 가지 요소가 포함된다. 일단 전기를 공급하기 위한 발전소부터 시작되는데, 그는 자신의 연구소를 비롯해 곳곳에 발전소를 만들었다. 또한 소켓, 퓨즈, 각종 단자 등 전기를 공급받아 전구에 불을 밝히기까지 필요한 각종 기구도 꼭 필요한 요소로서, 모두 에디슨이 직접 발명하여 보급했다.

그는 비록 가정에 보급하는 전기의 송전 방식으로서 직류를 끝까지 고집하는 잘못을 범했으나, 기존의 가스등을 전구로 성공적으로 대체한 시스템의 설계자라는 사실은 그의 업적에 담긴 진정한 의미를 이해하는 데에 대단히 중요하다.

과학기술이 고도로 발달한 오늘날에도, 최초의 발명이 곧 제품의 성공이나 실용적 보급을 의미하지는 않는다. 새로운 제품을 실험실에서 발명하는 데에는 일단 성공했지만, 여러 이유로 해당 제품의 사업화에 실패하는 사례가 여전히 많다. 또한 신제품이나 신기술을 대중적으로 보급하여 실용화에 성공하는 데에 수십 년 이상의 세월이 걸리는 경우가 많다. 이 경우 최초 발명자와 실용화에 성공한 인물이 전혀 다른 경우도 수두룩하다.

과학기술의 발전 역사에서 '최초 발명이라는 신화'에 가린 진실을 명확히 들여다보면, 우리는 정말 중요한 것이 무엇인지 똑똑히 깨달을 수 있다.

(3부)

반복되는 조작과 사기, 사이비과학

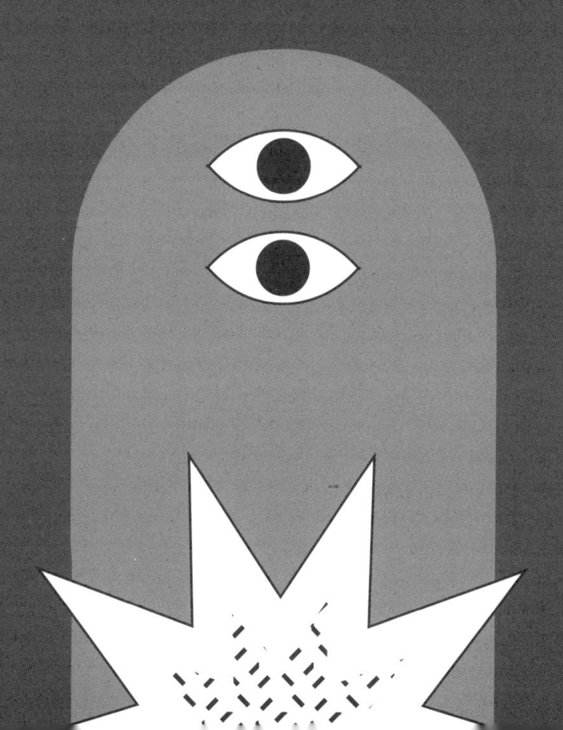

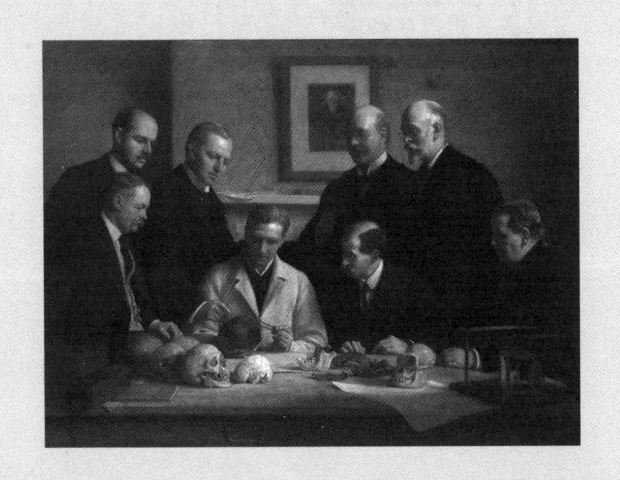

필트다운인 사건 관련자들

사상 최대의 원인(原人) 사기극 — 필트다운인 사건

과학의 역사에서 남을 교묘히 속이거나 가짜를 내세워서 사기를 치는 사례들은 의외로 많았다. 또한 실험 데이터 조작이나 가공 등 크고 작은 연구 부정행위들도 최근까지 세계 각국에서 지속되어왔다.

과학사의 사기사건(Hoax) 중에서도 가장 유명한 것 중 하나가 찰스 도슨(Charles Dawson, ?-1916)의 가짜 화석 발굴 사건이다. 20세기 초반에 인류 조상의 두개골을 발굴하는 과정에서 가짜 화석을 조작하여 빚어진 이 사건은 필트다운인(Piltdown 人) 사건이라고도 불린다.

1910년대에 영국 필트다운 지방의 변호사이자 아마추어 고고학자였던 찰스 도슨은 유인원에서 인류로 넘어오는 중간 단계의 인류 조상의 것으로 보이는 두개골과 턱뼈 등을 발굴하였다고 발표하였다.

그는 그동안 화석이 발견되지 않아서 이른바 '잃어버린 고리(Missing Link)'라 불려온 인류 진화 과정상의 수수께끼를 풀어낸 인물로 학계의 찬사를 받았다. 그 화석은 가장 오래된 인류라는 뜻으로 발견자의 이름을 따서 '에오안트로푸스 도스니(Eoanthropus Dawsoni)' 혹은 '필트다운인'이라고 불렸다.

도슨은 1916년에 죽었으나, 이상하게도 이후에는 필트다운에서 원인의 뼈가 전혀 발굴되지 않았다. 그뿐 아니라 이 필트다운인의 특징은 매우 이상해서, 이후 발견들로 차차 밝혀지게 된 인류진화 계통의 그 어디에도 분류해 넣을 수가 없었다. 즉 다른 화석인류들은 뇌가 비교적 작고 이빨이 진화한 반면, 필트나운인은 그 반대였기 때문에 많은 학자가 의문을 품기에 이르렀다.

이에 1948년부터 대영박물관의 케네스 오클리(Kennes Page Oakley, 1911－1981) 등의 학자들이 X선 투시검사법, 불소연대 측정법 같은 여러 첨단 과학기술과 새로운 방법들을 동원하여 검증했고, 결국 그 비밀을 풀었다. 즉 필트다운인의 두개골은 비교적 오래된 다른 인류 조상의 것이었지만 턱뼈는 오랑우탄의 뼈를 가공해서 붙이고 표면에 약을 발라서 오래된 것처럼 꾸몄던 가짜임이 1953년에 밝혀졌다. 사후에 불명예를 뒤집어쓴 도슨이 스스로 조작했는지, 아니면 그도 화석발굴꾼 등 다른 사람에게 속았는지는 아직 확실하지 않다. 다만 필트다운인 사건의 여러 관련자 중에서 도슨이 가장 유력한 용의자로 여전히 거론된다.

근래 이웃 일본에서는 필트다운인 사기사건과 쌍둥이 같은 날조 사건이 벌어졌다. 수십 년간 일본의 구석기시대 유적과 유물들을 발굴해서 찬사를 받았던 저명한 고고학자 후지무라 신이치(藤村新一, 1950-)가 실은 오랫동안 온갖 조작을 일삼아왔음이 밝혀졌다.

후지무라 신이치는 1981년에 미야기(宮城)현에서 4만 년 전 석기를 발굴하면서 명성을 얻기 시작했고, 그 후 그의 손길이 닿는 곳마다 구석기 유물들이 출토되어 '신의 손'이라는 별명까지 얻으면서 영웅으로 떠올랐다. 조작이 탄로 나기 직전까지 그는 도호쿠(東北)구석기문화연구소 부이사장으로서, 현장의 작업을 주도하던 발굴 단장이었다.

그러나 2000년 11월 5일 일본 《마이니치신문(每日新聞)》 1면 머리기사에, 미야기현 가미다카모리(上高森) 유적에서 후지무라가 석기를 몰래 땅에 파묻는 사진이 구석기 유물 조작 기사와 함께 보도되었다. 이는 일본 사회에 엄청난 충격을 주었고, 후지무라의 유적 날조 행각은 종지부를 찍었다.

두 사건은 인류 조상의 화석이나 유물, 유적을 날조하였다는 점뿐 아니라, 사건의 원인과 경과도 데자뷔를 보는 것처럼 같아서 놀라울 지경이다. 먼저 두 조작사건이 터지기 직전 영국과 일본의 시대적 상황을 살펴볼 필요가 있다.

20세기 초반의 영국은 국력이 절정기에 달하면서 이른바 '해가 지지 않는 나라'라는 대영제국의 위상을 세계만방에 과시했다. 영국인들은 자신들의 나라가 먼 옛날부터 세계 문명의 근원이라 여기고 싶었겠지만, 인류 조상의 두개골 화석이나 구석기시대의 동굴 벽화, 각종 도구 등이 주로 프랑스와 독일에서 발견되었다는 사실에 혼란을 느꼈고 자존심이 상했다. 특히 1907년 독일 하이델베르크(Heidelberg) 부근 모래층에서 인류 조상의 하나, 즉 하이델베르크인의 완전한 아래턱뼈가 발굴되자 더욱 실망스러울 수밖에 없었을 것이다.

일본 후지무라 유적 조작의 배경에서도 한국에서의 구석기 유적 발굴을 간과할 수 없다. 즉 1978년 이후 경기 연천 전곡리 일대에 대한 10차례 발굴 조사 끝에, 지금으로부터 약 27만 년 전 구석기 유적이 한반도에 있었음이 밝혀졌다. "한국에 있는 구석기 유적이 일본에 없을 리 없다"는 일본학자들의 초조감과 비뚤어진 경쟁의식이 곧 후지무라의 공범이나 다름없으며, 그 역시 주변의 기대와 주문에 따른 압박감으로 조작 행위를 벌였다고 고백한 바 있다.

둘째, 관련 전문가들이 잘 살펴보았다면 조작이 일찍 드러날 수 있었겠지만, 검증은 소홀히 한 채 성급한 찬사가 쏟아졌다는 점 또한 동일하다. 필트다운인에 대해 처음부터 의문을 품고 조작 가능성을 제기한 사람들도 있었지만 그런 목소리는 금방 묻혔다. 필트다운인은 제2~3 간빙기에 살던 가장 오래된 인류로 간주되었고 인류학, 지질학, 선사학의 권위자들은 최초의 인류가 영국인이었음을 앞다퉈 보증하였다. 도슨은 영국의 학계와 사회로부터 큰 지지와 찬사를 받는 저명인사로 떠올랐고, 필트다운인 관련 논문이 200여 편이나 출판되었다고 한다.

후지무라의 가짜 유적 역시 남이 안 보는 데에서 혼자

작업할 때 유물이 나왔고, 수십 킬로미터 떨어진 곳에서 발견된 석기들이 정확히 들어맞았다는 점 등을 들어 갖가지 의혹이 제기되었다. 만약 발굴 지층과 석기의 배치 상태, 석기 제작 방식을 고려하여 면밀히 조사했더라면 일찍 정체가 드러났을지도 모른다. 그러나 한국보다 훨씬 오래된, 세계 최고 수준의 구석기 역사를 갖게 된 일본의 고고학계는 역사적, 문화적 우월감과 자아도취에 빠졌다.

후지무라의 구석기 유적 발굴로 일본 역사의 기원은 5만-7만 년 전에서 무려 70만 년 전까지 급격히 거슬러 올라갔다. 따라서 일본은 중국의 북경원인에 견줄 만한 아시아 최고(最古)의 선사문화를 갖게 되었다고 자랑했고, 그의 성과들은 학교 교과서에 실렸으며 유적지들은 일본의 국가사적으로 지정되었다. 후지무라는 20여 년 동안 무려 162곳의 구석기 유적을 날조하였으니, 이후 일본 학계는 구석기 역사를 전면 수정해야 했다.

셋째, 그다지 중요하지 않은 측면일지 모르지만, 조작사건의 당사자가 둘 다 아마추어 출신이었다는 점도 공통적이다. 찰스 도슨의 본업은 변호사였고, 후지무라 신이치는 고등학교 졸업 후 독학으로 고고학을 공부했다고 한다.

그런데 우리나라 역시 일본을 조롱할 처지는 못 된다. 지난 1992년 무렵 해저유물발굴단이 '충무공 이순신 장군이 거북선에서 썼던 별황자총통(別黃字銃筒)'을 임진왜란 당시의 격전지였던 해역의 바다 밑에서 발굴했다고 떠들썩하게 발표했고 국보로까지 지정되었지만, 가짜를 미리 바다에 빠뜨린 후 건져 올렸다는 사실이 뒤늦게 들통난 적이 있다. 이런 어리석은 일은 어느 나라에서건 앞으로는 제발 되풀이되지 않기를 기대해본다.

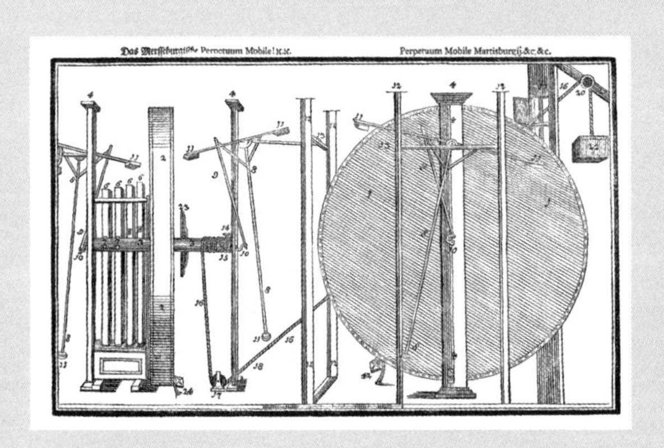

영구기관 사기극을 벌인 오르피레우스의 자동바퀴

오늘도 반복되는 영구기관 사기사건들

많은 사람이 옛날부터 만들려고 애썼던 '꿈의 기계'로서, 외부에서 에너지나 동력을 공급하지 않아도 스스로 영원히 움직이는 장치인 '영구기관(永久機關, Perpetual Mobile)'이라는 것이 있다. 그런데 이것으로 사람들을 속이는 일들이 자주 되풀이되었다. 즉 영구기관인 척 빙자하여 사기를 쳐서 부정한 이득을 취하려 했던 것이다. 그런데 한심하게도 이러한 '영구기관 사기사건'은 오늘날에도 줄기차게 지속되고 있다.

오래전부터 숱한 과학자, 기술자들이 영구기관의 제작에 도전하였는데, 아르키메데스(Archimedes, BC 287?-212)의 스크루를 이용하여 물을 순환시킴으로써 수차를 계속 돌릴 수 있다는 영구기관을 제시한 사람이 있었다. 그리고 자석을 이용한 영구기관, 전기장치로 된 영구기관, 열과 빛을 이용한 영구기관 등 온갖 자연현상을 이용한 다양한 종류의 영구기관들이 고안되었지만, 물론 그중 제대로 작동된 것은 단 하나도 없다.

1840년대에 줄(James P. Joule, 1818-1889), 마이어(Robert Mayer, 1814-1878), 헬름홀츠(Hermann von Helmholtz, 1821-1894)에 의해 에너지의 보존법칙과 열역학 법칙이 확립되어, 에너지는 서로 형태가 바뀔 뿐 자연계 전체의 에너지는 항상 보존된다는 것이 밝혀졌다. 1800년에 이탈리아의 과학자 볼타(Alessandro Volta, 1745-1827)가 처음으로 전지를 발명했을 때도 사람들은 이것이 스스로 전기를 만들어내는 일종의 영구기관인 줄 알고서 흥분하였다. 그러나 이후 전지 내부의 화학에너지가 전기에너지로 바뀌는 것이라는 사실이 알려졌다.

물론 영구기관 중에는 에너지 보존법칙, 즉 열역학 제1법칙에 어긋나지는 않지만, 열역학 제2법칙에 위배되는 이른바 '제2종 영구기관'도 많이 제시된다. 즉 열원으로부터 열량을 흡수하여 이것을 모두 외부에 대한 일로 바꾸어

작동시키는 기계를 생각할 수 있다. 이것은 열에너지 전체를 모두 다른 에너지로 전환할 수 있는 효율 100퍼센트의 열기관인 셈인데, 에너지의 흐름 방향을 거슬러야 하므로 역시 실현 불가능한 것은 마찬가지이다.

그러나 에너지의 보존법칙과 열역학 법칙이 확립된 이후에도 영구기관의 발명자들은 전 세계적으로 끊이질 않았다. 역사적으로 보면 영구기관의 발명자들 중에는 잘못을 미처 깨닫지 못한 채 자기의 발명이 옳다고 확신한 사람들이 많았지만, 고의적인 사기꾼도 적지 않았다. 영구기관을 만들었다고 하면 관심 있는 부자나 권력자로부터 큰 돈을 후원받을 수 있는 점을 노렸던 것이다.

대표적 인물로 18세기 초에 일명 오르피레우스(Orffyreus)라고도 불린 독일의 베슬러(Johann Ernst Elias Bessler, 1680 – 1745)가 있다. 그는 자신이 만든 이른바 '오르피레우스의 자동바퀴'가 스스로 영원히 돌아갈 수 있다고 주장했지만, 크고 작은 톱니바퀴와 추의 낙하를 교묘히 연결하여 바퀴를 돌리는 어설픈 장치에 불과했다. 그는 장치의 중요 부분을 가리고 밑에 숨은 사람이 밧줄을 잡아당기는 속임수로 그것이 영구기관인 것처럼 보이게 했다. 그는 여러 나라의 귀족과 부유층으로부터 거액을 지원받아 호사스런 생활을 누렸다. 러시아 황제 표트르 1세(Pyotr I, 1672-1725)에게서 10만 루블을 받고 자신의 자동바퀴를 대여하려 하기도 했으나, 결국 사기극이 들통나고 말았다.

미국의 존 킬리(John Worrell Keely, 1827-1898)라는 인물 또한 영구기관에 관련된 아주 탁월한 사기꾼이었다. 킬리의 발명은 단순한 영구기관이라고 하기에는 좀 복잡해서, 무에서 에너지를 만들어내는 것이 아니라, 물을 사용해서 '공감적 진동'에 의해 재결합을 일으켜서 대량의 에너지를 낸다는 그럴듯한 이론을 폈다. 그는 교육을 받지 않았으나 언변이 뛰어났고, 난해한 용어들을 써가면서 사람들의 마음을 끄는 혹세무민(惑世誣民)의 대가였다.

그는 사람들을 모아서 '킬리 모터 회사'를 설립하고 모형을 만든 후, 1874년에 필라델피아에서 사람들을 불러 모아 킬리 모터의 공개실험을 하였다. 킬리는 "나는 약 1리터의 맹물로 기차를 필라델피아에서 뉴욕까지 달리게 할 수 있다"라고 호언장담하면서 거액의 투자와 후원금을 모았다. 킬리가 죽은 후에 실험실이 있던 건물을 조사한 결과, 마루 밑에 숨겨둔 압축공기 장치의 힘으로 기계를 움직였던 킬리 모터의 사기극이 비로소 밝혀졌다. 그러나 거액의 투자비는 그의 사치스런 생활비로 이미 탕진된 후였다.

영구기관을 발명했다고 특허출원을 고집하는 사람들이 아직도 많아, 세계 각국의 특허청 담당자들은 골머리를 앓고 있다고 한다. 미국 특허청은 이러한 영구기관 특허는 신청서류에 반드시 동작하는 모형을 첨부해야 한다는 조건을 붙임으로써 특허출원 자체를 처음부터 저지하고 있다.

우리나라 특허청에서도 영구기관 특허를 출원하려는 '재야 발명가'들과 특허청 직원들의 실랑이가 해마다 끊이지 않는다. 우리 특허법 제2조에 특허의 대상이 되는 발명은 '자연법칙을 이용한 기술적 사상의 창작'으로 정의되어 있으므로, 자연법칙에 위배되는 영구기관은 원천적으로 특허를 받을 수 없다.

자신의 잘못을 미처 깨닫지 못하는 선의의 영구기관 발명가들은 무척 안타까울 것이다. 하지만 그들은 특허청을 괴롭히는 것 외에는 다른 사람들에게 피해를 주거나 사회적 물의를 일으키지는 않는다. 더 큰 문제는 아직도 고의적인 '영구기관 사기꾼들'이 여전히 활개를 치고 있고, 우리나라에서도 일부 정치인들과 언론, 정부기관마저 이들에게 속아서 피해를 입거나 망신을 당하는 일들이 반복된다는 것이다.

국제유가가 배럴당 150달러 이상으로 정점에 달했던 2008년 여름, 일본의 어느 기업이 '물을 연료로 삼아 달리는 자동차'를 개발했다는 해외 유명 통신사와 국내 언론의 보도가 나와서 많은 사람이 어리둥절했다. 킬리의 '맹물로 달리는 기차'가 순간 연상되었다.

같은 해인 2008년 가을에는 서울 지하철의 환풍구에 풍력발전기를 설치해서 발전을 하겠다는 계획이 발표되었다. 지하철 환풍구의 바람을 이용해 발전을 할 수는 있겠지만, 전체 과정에서 도리어 더 많은 에너지가 필요하고 다른 손실과 위험이 뒤따를 수밖에 없다. '아랫돌 빼서 윗돌 괴려는' 이 황당한 사업계획이 서울시의 고객감동 창의경영 사례로까지 소개되었다니 더욱 어처구니가 없었다.

그로부터 얼마 지나지 않아서는, 물을 에너지원으로 사용하는 가정용 보일러와 가스레인지를 개발한 회사가 사기 혐의로 검찰 수사를 받은 사실이 신문 기사와 방송의 심층 취재 보도를 통해 나왔다. 이 역시 영구기관이나 마찬가지로 자연의 기본 법칙을 거스르는 발상이지만, 그 업체는 정부와 산하단체가 수여하는 각종 상까지 휩쓸어왔다니 참으로 놀랍고도 부끄러운 일이다.

영구기관 사기사건은 과학사상 해프닝으로 끝난 일이 전혀 아니다. 과거 사건의 데자뷔를 보는 듯한 일들이 우리나라에서도 여전히 되풀이되는 '현재진행형'이다. 일부 언론과 소위 사회지도층 인사들마저 사기꾼들에게 넘어가 덩달아 춤을 추는 한심한 일들이 반복되고 있는데, 21세기 과학기술의 시대에 참으로 부끄러운 일이 아닐 수 없다.

인공 다이아몬드를 만들었다고 주장했던 앙리 무아상

스승을 기쁘게 하려 조작한 인공 다이아몬드

다이아몬드는 오늘날에도 두말할 것 없이 가장 귀하고 값진 보석으로 꼽힌다. 우리의 옛 신파극 〈이수일과 심순애〉에서도 다이아몬드 반지가 중요한 역할을 하듯이, 다이아몬드는 여성들이 가장 가지고 싶어 하는 것 중 하나로 부(富)와 사치를 상징하기도 한다.

다이아몬드는 결혼예물로도 많이 쓰이지만, 이 밖에도 다이아몬드의 중요한 성질이 또 하나 있다. 즉 모든 광물 중에서 가장 단단한 물질이라는 것으로서, 광물의 상대적 굳기를 나타내는 모스 경도계의 가장 높은 자리인 10을 차지한다. 동양에서도 일찍이 어떤 것에 의해서도 파괴되지 않는다는 전설의 무기 '금강(金剛)'을 따와서 다이아몬드를 금강석이라고 부른다.

오늘날에는 인공적으로 다이아몬드가 제조되기도 하지만, 옛날에는 물론 천연 다이아몬드밖에 없었고 이것을 인공적으로 만들어보려는 노력은 상당히 오래전부터 있었다.

18세기 영국의 스미슨 테넌트(Smithson Tennant, 1761-1815)라는 화학자는 이리듐(Ir)과 오스뮴(Os)이라는 새로운 원소를 발견하는 등, 화학의 발전에 크게 공헌한 인물이다. 그는 1797년에 다이아몬드를 태워서 생긴 기체를 조사하는 '매우 값비싼 실험'을 해본 결과, 그 귀한 다이아몬드가 탄소(C)에 불과하다는 사실이 밝혀졌다. 즉 금으로 만든 관 속에서 다이아몬드를 높은 온도로 가열하여 나오는 이산화탄소(CO_2)가 같은 양의 숯에서 얻어지는 것과 동일한 양이라는 사실, 그리고 그 연소생성물을 인(燐)과 함께 가열하면 숯이 된다는 점을 들어서 다이아몬드의 성분이 탄소임을 증명했다.

다이아몬드, 흑연, 숯은 결정 속의 원자 배열이 달라서 서로 다른 물질을 이루나, 그 성분은 다 같이 탄소로 이루어져 있고 태우면 똑같이 이산화탄소가 나온다. 이처럼 같은 원소로 되어 있지만 성질과 모양이 다른 물질들을 '동소체(Allotropy)'라 부른다. 탄소 성분의 또 다른 동소체로서 60개의 탄소 원자가 모여 축구공 모양을 이루는 풀러렌(Fullerene)도 있는데, 이를 합성한 화학자들은 1996년에 노벨화학상을 받았다.

이후 다이아몬드가 많이 나는 남아프리카 지방의 지질을 조사해본 결과, 다이아몬드는 땅속에서 아주 높은 고온, 고압으로 생성된다는 사실도 알려지게 되었다. 이는 곧 탄소에 인공적으로 고온, 고압을 가하면 다이아몬드가 만들어진다는 것을 의미하므로, 많은 사람이 이 방법으로 앞다투어 실험하였다.

프랑스의 화학자 앙리 무아상(Henri Moissan, 1852-1907)은 불소(F)에 관한 연구로 1906년도 노벨화학상을 받은 인물이다. 그는 자신이 개발한 강력한 전기로로 철에 탄소를 섞어서 녹인 후, 이것을 갑자기 찬물에 넣어서 수축시켜 강한 압력을 발생시킨 다음, 철을 산에 녹였더니 작은 다이아몬드 결정이 만들어졌다고 발표하였다. 무아상은 저명한 화학자였으므로 사람들은 그것이 사실이라고 믿었다. 그 밖에도 영국과 독일에서도 인공 다이아몬드의 합성에 성공했다고 주장한 사람들이 여럿 나왔고, 그중에는 다이아몬드 합성 방법으로 특허를 취득한 사람도 있었다.

그러나 1940년대에 미국의 물리학자 퍼시 브리지먼(Percy William Bridgeman, 1882-1961)이 고압물리학에 관한 연구를 본격적으로 추진한 결과, 그때까지 많은 사람이 연구한 방법으로는 인공 다이아몬드를 합성할 수 있을 정도로 충분한 고온, 고압에 도달하지 못했음이 드러났다. 인공 다이아몬드를 만들어냈다는 기존 주장들은 대부분 엉터리거나 사기극이었다는 것이다.

무아상의 경우도 그가 죽은 후 실험 조교였던 제자가 무아상의 부인에게 실상을 털어놓았다. 즉 자신은 계속되는 인공 다이아몬드 합성실험에 짜증이 났고, 결국 무아상을 기쁘게 해주려고 몰래 가짜(?) 인공 다이아몬드, 즉 진짜 천연 다이아몬드 조각을 집어넣었다는 것이다.

말년에 전이성 암을 앓다가 자살한 브리지먼은 미국의 물리학자로서 주로 고압에서의 물성 연구들로 많은 업적을 쌓았다. 그는 생전에 직접 인공 다이아몬드를 만들어내지는 못했지만, 초고압에서의 여러 기술 개발로 인공 다이아몬드의 합성에 큰 기여를 했다. 브리지먼은 1946년 노벨물리학상을 수상했고, 그의 연구를 토대로 1955년 미국 제너럴일렉트릭(GE)의 연구소에서 최초로 인공 다이아몬드가 만들어졌다.

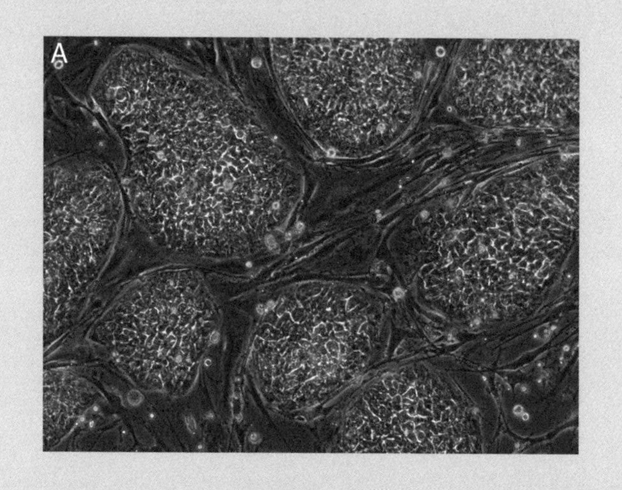

황우석의 주요 연구 대상이었던 인간 배아줄기세포의 모습
© Nissim Benvenisty

온 나라를 떠들썩하게 한 황우석 사태

2005년 연말, 한국 사회는 황우석의 배아줄기세포 논문조작 사건으로 큰 진통을 겪었다. 이 사건은 단순한 논문조작이나 과학적 사기사건에 그치지 않았고 엄청난 파문을 일으키며 나라 전체를 떠들썩하게 만들었다. 정부로부터 전폭적인 연구 지원을 받으면서 국가적 영웅으로까지 떠올랐던 황우석이었기에, 그의 연구부정 행위가 밝혀진 후 국민들이 느꼈던 충격과 혼란은 이루 말할 수가 없었다.

서울대 수의학과 교수로 재임하던 황우석은 1999년에 체세포 복제방식으로 젖소와 한우의 복제에 성공했다고 발표하였다. 나중에는 이들 또한 진위 논란에 휩싸였지만,

이후 황우석은 인간 배아줄기세포를 같은 방식으로 복제하는 연구에 주력하여 잇달아 성과를 냈다고 주장하였다.

그는 2004년 2월에 세계 최초로 사람의 난자와 체세포만으로 배아줄기세포를 만드는 데 성공했다는 논문을 세계적 저명 과학 저널인 《사이언스(Science)》에 발표하였다. 즉 건강한 여성의 난자를 채취하여 핵을 제거한 후, 다시 같은 사람의 체세포 핵을 이식하여 배아줄기세포를 추출했다는 것이다. 이어 2005년 5월에는 동일한 방식으로 인간 배아줄기세포를 추출하는 연구에서 더욱 진전된 성과를 얻었다면서 다시 《사이언스》에 논문을 발표하였다. 여성으로부터 단 한 개만을 성공시켰던 이전 해와 달리, 이른바 '환자맞춤형' 줄기세포로서 난치병 환자를 포함한 남녀노소로부터 다수의 체세포 복제 배아줄기세포를 추출했을 뿐 아니라 성공률도 크게 높였다고 주장하였다.

배아줄기세포(Embryonic stem cell)란 배아의 발생 과정에서 추출한 세포인데, 미분화 세포로서 모든 조직의 세포로 분화할 수 있는 능력을 지녀서 일명 '만능세포'로도 불린다. 이런 특성을 활용하면 부상이나 질병, 노화로 조직이 손상되었을 때 배아줄기세포를 원하는 조직으로 분화, 재생시킬 수 있다. 따라서 당뇨병이나 파킨슨병, 척추 손상 등 각 종 난치병 치료와 인체 장기의 복제에도 획기적 돌파구가 열릴 가능성이 커서 큰 주목과 기대를 받아왔다. 다만 배아줄기세포 연구가 인간 복제로 악용될 가능성이 없지 않다는 점과 배아줄기세포 하나를 추출하는 데에 수많은 난자가 필요하다는 점에서 생명윤리상 여러 문제점을 내포했다.

아무튼 배아줄기세포 연구에서 잇따른 성공 발표로 세계적 주목을 받은 황우석은 노벨생리의학상 후보로도 거론되기에 이르렀다. 한국 정부에서도 그의 연구를 전폭적으로 지원하면서 국가 최고과학자 지위를 부여하였고, 언론에서도 그를 칭송하는 기사들을 쏟아내면서 황우석은 세계적 스타 과학자이자 범국민적 영웅으로 떠올랐다.

그러나 2005년 11월 국내 한 공중파 텔레비전 방송의 시사프로그램이 황우석 연구의 난자 채취 불법성을 지적했고, 이후 배아줄기세포의 진위에도 의혹을 제기하면서 큰 파장이 일었다. 결국 서울대 조사위원회에서 황우석의 논문을 검증하고 진상을 조사한 결과, 수립된 체세포 복제 배아줄기세포는 단 하나도 없었으며 황우석의 연구팀은 논문을 조작했던 것으로 드러났다. 세계적 스타 과학자에서 논문조작과 사기 범죄자로 전락한 황우석은 최고과학자 지위 박탈과 아울러 서울대 교수직에서도 파면되었다. 이후 사기·횡령 및 난자 불법거래 혐의로 기소되어 법원에서 유죄 판결을 받았다.

황우석 사태는 논문조작사건을 넘어서 한국 사회 전반을 뒤흔든 초대형 스캔들로 비화되면서, 숱한 문제점과 중요한 과제들을 남겼다. 먼저 논문 조작 여부에 관한 논란과 검증이 진행되는 동안 황우석을 맹목적으로 추종하는 사람들과 비판적인 사람들 간에 국론분열적 양상마저 보이면서 거의 범국가적으로 큰 혼란을 초래했다.

특히 속칭 '황빠'라 지칭되는 황우석 극렬 추종자들에 의해 황우석 연구에 처음 의혹을 제기한 방송 프로그램은 광고가 한때 전면 중단되는 어려움을 겪었다. 황우석에 비판적이었던 언론인, 과학자 등은 폭언과 협박에 시달려야 했다. 황우석의 논문조작이 명백히 드러난 지 한참 후에도 상당수 대중은 황당한 음모론에 빠져 황우석이 억울한 피해자라 주장하는가 하면, 대학 교수, 저명 변호사 등 소위 지식인이라는 자들마저 황우석을 적극 비호하는 비상식적이며 꼴사나운 행태를 보였다.

이처럼 황우석 사태 역시 앞선 글에서 언급했던 과거 사기사건들의 사례처럼 대중의 지나친 애국주의, 국수주의적 태도가 나쁜 영향을 미친 경우라 볼 수 있다. 뒤의 여러 글에서도 유사한 점들이 자주 언급될 것이다.

또한 황우석 같은 한두 명의 스타 과학자에게 지나치게 기대면서 전폭적 지원을 아끼지 않았던 정부의 과학기술 행정과 정책도 문제로 지적되었으며, 이전부터 황우석을 일방적으로 찬양하는 기사를 남발했을 뿐 아니라 진상 규명 과정에서도 문제 해결이 아닌 혼란을 가중시켰던 대다수 언론 역시 황우석 사태에 큰 책임이 있던 당사자 중 하나이다.

그 후 황우석 사태에 대한 반성과 재발 방지 차원에서 연구 윤리 가이드라인 제정과 언론 과학 보도의 정확성 제고 방안이 요구되면서, 나 또한 정부의 관련 작업과 프로젝트에 참여한 바 있다. 그에 앞서 논문조작의 진상규명 과정에서도 내가 소속된 과학기술단체가 적절한 시점에 성명을 발표하는 등 문제 해결 과정에 적지 않게 개입하게 되었다.

황우석 논문조작 사건에 조금 앞서서 물리학 분야에서도 대형 조작사건이 터진 바 있다. 즉 획기적인 트랜지스터를 개발해 노벨상 후보로까지 꼽히던 얀 헨드릭 쇤(Jan Hendrik Schön, 1970-) 박사라는 독일 출신의 미국 물리학자가, 수년 동안 연구 결과를 조작했던 것으로 드러나 학계에 큰 충격을 주었다.

쇤은 1998년에서 2001년 사이에 유기반도체 분야에서 수많은 논문을 잇달아 발표했고 그중 17편이 세계 최고의 양대 과학 저널인《사이언스》와《네이처》에 게재되는 성과를 올렸다. 그러나 획기적 성과로 꼽혔던, 분자 1개로 트랜지스터를 만들 수 있는 방법에 현실적 의문과 실험상 의혹이 제기되었고, 쇤의 논문 중 전혀 다른 조건에서 실시한 두 가지 실험의 결과치가 동일한 노이즈를 보인다는 사실이 발견되었다.

2002년 조사위원회의 진상조사 결과, 최소 16편의 논문에서 부정과 조작이 있었다는 결론이 내려졌고, 쇤은 직장이었던 벨연구소에서 쫓겨났고 이미 수여되었던 박사학위마저 박탈되었다.

황우석 논문조작 사건은 비슷한 시기의 얀 헨드릭 쇤의 초소형 트랜지스터 조작 사건과 너무도 공통점이 많다. 즉《네이처》,《사이언스》 등 세계 최고의 과학 저널에 획기적 논문들을 단기간에 내면서 노벨상 후보로까지 떠오른 점에 더하여, 서로 다른 논문에 동일한 그래프를 사용하거나 사진이 중복되어 검증 과정에서 꼬리가 밟힌 점도 대단히 유사하다.

게다가 당사자들은 단순한 실수였으며 연구기록과 자료가 모두 소실됐다고 궁색한 변명을 한 점에 덧붙여, 심지어 논문조작이 밝혀진 후에도 자신들은 기술을 보유하고 있으니 시간을 주면 실제로 더 좋은 성과를 낼 수 있다고 강변한 점도 너무 똑같아서 쓴웃음이 나온다.

만물의 법칙을 다루는 과학자들에게도 일반 사회와 마찬가지로 거짓과 조작의 흐름은 있게 마련이다. 하지만 그 어느 분야보다 철저한 검증 과정을 거쳐야 하고, 심지어 당사자가 사망한 후라도 추가 검증이 이루어질 수 있다. 따라서 사기나 조작을 자체적으로 걸러낼 수 있는 시스템이 작동하고 있으므로, 과학기술계는 다른 분야에 비해 정직성이 높다고 볼 수 있다. 즉 지극히 상식적이고 평범한 방식을 통한 검증으로 논문조작이나 심각한 연구부정 행위가 드러난다면, 아무리 저명한 세계적 스타 과학자라도 당장 학계에서 퇴출될 수밖에 없는 냉정하면서도 공정한 세계이다.

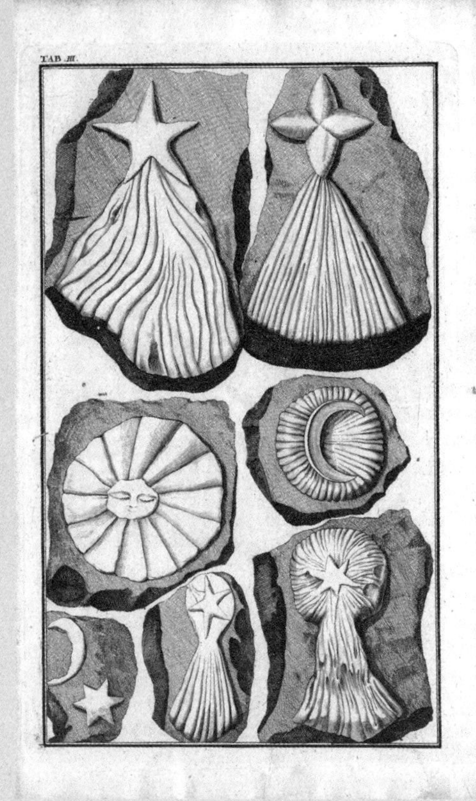

베링거의 책에 나오는 가짜 화석 수집품의 일부

상대방의 함정에 빠진 과학자

과학의 역사에서도 적지 않은 조작이나 사기 사건들이 있었다. 이런 여러 경우를 앞서 언급한 바 있다. 그런데 단순한 거짓이나 날조가 아니라 일부러 함정을 파서 상대방을 곤경에 빠뜨린 사건도 있었는데, 과거에 화석의 실체를 둘러싼 논쟁 과정에서 생긴 가짜 화석 사건이 대표적이다.

화석(化石)의 정체에 관해서는 예로부터 여러 의견이 분분했으나, 레오나르도 다빈치(Leonardo da Vinci, 1452-1529)가 서양에서는 처음으로 "화석은 생물의 유해가 돌처럼 굳어서 만들어진 것"이라는 정확한 해석을 한 바 있다. 이보다 훨씬 앞서서 중국의 주자(朱子, 1130-1200)는 1200년경에 "어느 날 높은 산에 올라가보니 돌 속에 조개껍질 같은 것들이 보이는데, 그 돌은 과거에 흙이었던 것이며, 조개는 물속에 살던 것이다. 그러므로 낮은 곳에 있던 것이 변하여 위로 올라간 곳이고, 연한 것이 변하여 단단하게 된 것이다"라는 말을 남겼다고 전해지는데, 부분적으로나마 조개껍질 화석에 대한 올바른 이해를 한 것으로 보인다.

그러나 근대 사회 초기만 해도 이러한 견해를 지지하는 학자들은 그다지 많지 않았다. 도리어 화석은 동식물의 유해가 아니라 하느님이 흙으로 빚은 후 실수로 생명을 불어넣는 것을 잊어버려서 만들어진 것이라거나, 우연히 생물체의 모양을 닮은 돌에 불과하다는 해석이 만만치 않게 있었다. 화석에 대한 과거의 다양한 해석과 이에 관한 레오나르도 다빈치의 업적에 대해서는 후술하기로 한다.

요한 베링거(Johann Beringer, 1667-1740)는 독일 뷔르츠부르크대학에서 물리학, 식물학, 자연사까지 다양한 과목을 가르치는 교수이자 의사로도 명성 높은 과학자였다. 도시 주교의 주치의였던 그는 다양한 분야에 관심을 둔 박식한 호사가로서도 주변에 알려졌고 화석에도 큰 관심을 보였다.

그는 중세 이슬람의 저명한 철학자이자 의사로서 '학문

의 왕'이라고도 불린 이븐 시나(Abū Alī l-Husayn Ibn Sinā, 980-1037)를 매우 존경하고 추종했다고 한다. 따라서 화석의 연구에서도 이븐 시나가 창시한 이른바 '비스 플라스티카(Vis plastica)' 학설의 영향을 받아, 모든 생물뿐 아니라 사물까지도 조형적 형태로 돌에 각인된다는 생각을 하게 되었다. 즉 유기물이 아닌 무기물도 화석이 될 수 있다는 화석의 무기기원설을 적극 주장하면서 대부분 화석은 신의 세공품이라고 보았고, 학생들에게도 그렇게 가르쳤다.

그런데 평소 베링거 교수와 사이가 좋지 않았던 같은 대학의 동료 교수 한 명과 도서관 사서는 베링거가 오만하고 너무 독단적이라고 생각하였다. 두 사람은 의기투합하여 베링거를 골탕 먹이기 위하여 모종의 '작전'을 꾸몄는데, 석회암에 생물 모양 등을 조각해서 화석처럼 만들었다. 그리고 사람들을 시켜서 그 가짜 화석들을 땅속에 묻은 후, 베링거가 화석 탐사를 할 때 맞춰 발굴되도록 하였다.

부근의 산지에서 작업을 벌이던 베링거는 물고기, 새, 곤충, 개구리 등 여러 동물의 모양이 새겨진 돌과 식물 모양의 돌을 다수 발굴하였다. 그러나 상당수의 동식물은 일반적인 화석에서는 결코 보존될 수 없는 형태였고, 심지어

해, 달, 별의 모양이 그려지거나 히브리 글자까지 새겨진 돌도 있었다. 그러나 베링거는 이들이 무기기원 화석을 증명하는 것이라고 의기양양하게 말하였다.

베링거는 2,000여 점의 화석을 수집하고 자신의 설명을 담아서 『뷔르츠부르크의 석판화석』이라는 책을 1726년에 발간하였다. 이 책은 큰 인기를 모았으나 속임수일 가능성을 의심하는 학자들도 있었다.

자신이 발굴한 화석이 동료들의 조작극이라고는 꿈에도 생각하지 못했던 베링거도 뒤늦게야 눈치를 챘다. 나중에 암석들 중에서 자신의 이름이 새겨진 화석이 발견되었던 것이다.

큰 충격과 절망에 빠진 베링거는 전 재산을 털어서 그간 출판된 책들을 모두 수거해서 불태워버리려 했으나, 그 일을 마치지 못하고 1740년에 사망하였다. 그 후 출판업자가 그 책을 잘못된 믿음의 표본으로 간주하는 내용을 덧붙여 재판을 발행했는데, 초판보다 훨씬 많이 팔렸다고 한다.

베링거를 함정에 빠뜨려 골려주려던 사람들의 장난치고는 일이 너무 확대되었지만, 사기극을 꾸민 두 사람은 형사처벌을 받지 않았다고 한다. 그러나 남을 크게 골탕 먹인

만큼 자신들도 대가를 치를 수밖에 없어서, 두 사람은 직장이었던 대학과 도서관을 떠나게 되었다.

물론 가장 큰 피해를 입은 사람은 베링거였다. 그는 가짜 화석 사건으로 인하여 대학교수로서의 명예에 치명적 손상을 입었고 큰 망신을 당했다. 이후로 바보의 상징처럼 여겨지며 두고두고 조롱거리가 되었다. 그가 수집했던 가짜 화석들은 오늘날에도 호사가 등에 의해 매우 비싼 가격으로 거래되고 있다고 한다.

지적 사기사건을 일으킨 앨런 소칼 교수
© Yorgos Kourtakis

소칼의 지적 사기사건과 과학전쟁이란?

20세기가 거의 저물어가던 1990년대 후반, 미국과 유럽에서는 이른바 소칼(Alan Sokal, 1955-)의 '지적 사기사건' 및 그 앞뒤를 이은 '과학전쟁'으로 인하여 엄청난 소동이 일어나고, 과학기술학계 및 저명 과학자들이 함께 격랑에 휩싸인 적이 있다. 자연과학 이론의 진리성, 가치중립성 및 과학과 사회의 관계에 대한 해묵은 논란이 또 한 번 불거지면서, 과학자들과 일부 과학사회학자들, 나아가 자연과학과 인문 · 사회과학 진영 사이에 심각한 대립과 논쟁이 되풀이 되었다. 이 사건 또한 앞에서 언급한 가짜 화석 사건과 유사하게, 일부러 함정을 파서 상대방을 곤경에 빠뜨린 사례라 할 수 있다.

지적 사기사건의 발단은 뉴욕대학의 수리물리학자인 앨런 소칼 교수가 포스트모더니즘적 조류를 지닌《소셜 텍스트(Social Text)》라는 학술지에 「양자중력의 변형적인 해석학을 위해서」라는 난해한 논문을 기고하면서 시작되었다. 이 잡지는 과학적 진리의 절대성을 부정하고 상대주의적 과학관을 강조하는 이른바 스트롱프로그램 사회구성주의, 혹은 SSK(Sociology of scientific knowledge) 과학사회학에 매우 우호적인 것으로 보였다. 소칼은 논문에서 뉴에이지 운동의 신비주의적 개념이 양자중력 이론에서 중요하게 사용될 수 있으며 현대수학의 비선형성이 포스트모더니즘을 뒷받침한다는 등 잡지 편집자들의 구미를 당길 만한 주장들을 포함시켰다.

그러나 잡지가 출간되고 얼마 지나지 않아서 소칼은《소셜 텍스트》에 기고했던 자신의 논문이 실은 아무런 의미 없는 엉터리 날조에 불과했다는 충격적인 사실을 밝혔고, 자신의 기대대로 그 논문이 출판된 것은《소셜 텍스트》편집인을 비롯한 상대방 진영이 얼마나 무지한가를 스스로 입증한 것이라고 공격하였다.

소칼의 폭로는 포스트모더니즘 철학계 및 SSK 과학사회학 진영에 '화염병'을 던진 것으로 인식되면서 엄청난 파장을 몰고 왔고, 미국과 유럽에서는 과학전쟁이 더욱 불붙었다. 물론 지적 사기사건(Hoax)을 일으킨 소칼에 대한 비난과 지적도 적지 않았다. 그러나 정작 소칼은 사회구성주의 과학사회학 진영 사람들이 자연과학적 진리를 제멋대로 상대적이고 주관적인 것으로 만들어 폄하하면서 잘못된 이론을 주장하는 것을 도저히 묵과하기 힘들어서, 이들의 허구성을 증명하기 위하여 일부러 엉터리 논문을 써서 내는 극단적인 방법을 택했다고 얘기하였다.

소칼 사건을 계기로 과학전쟁이 증폭되었지만, 사실 소칼의 돌출 행동은 갑자기 튀어나온 것이 아니며 상당한 전사(前史)를 가지고 있다. 즉 이전부터 SSK 과학사회학 진영과 과학자 사회에서는 상대방을 반박하는 논문과 책들을 발표하면서 논쟁을 지속해오고 있었던 것이다. 특히 전자기학과 약력을 통일하는 이론으로 1979년도 노벨물리학상을 받은 저명한 물리학자 스티븐 와인버그(Steven Weinberg, 1933-2021)는 1993년에 『최종 이론의 꿈』이라는 저서에서 일부 과학철학과 스트롱프로그램 사회구성주의를 비판하였고, 생물학자 폴 그로스(Paul Gross)와 수학자 노먼 레빗(Norman Levitt, 1943–2009)은 『고등 미신』이라는 책을 통하여 사회구성주의 과학사회학을 UFO 광신자, 창조론자, 극단적인 환경론자와 마찬가지로 과학에 대한 무지와 오해로 가득 찬 '반(反)과학'이라고 정면으로 공격하였다. 물론 SSK 과학사회학 진영에서도 만만치 않은 반론을 냈으나, 그 와중에 소칼 사건이 터지는 바람에 적지 않은 상처를 입었다.

일부에서는 소칼 사건의 배경 및 전후 과학전쟁의 큰 요인 중 하나로 1993년에 미국 의회가 '초전도 슈퍼입자가속기(Superconducting Super Collider, SSC)' 건설 계획을 중도에 폐기한 사건을 들기도 한다. 즉 소립자 물리학자들을 비롯한 과학자 사회에서는 SSC 계획이 폐기된 이유가 사회구성주의 과학사회학자들이 과학에 대해 비판적 견해를 지속적으로 펼쳤기 때문이라고 보았는데, 특히 SSC 계획을 강력히 지지하면서 관련 로비 활동 등에서 중요한 역할을 했던 와인버그는 소칼만큼이나 이후 과학전쟁에서 중추적 인물로 떠올랐다.

그는 뉴욕 서평지에 기고한 논문에서 소칼의 행동을 크

게 칭찬하였는데, 이후 와인버그를 비판했던 저명한 과학사학자 노턴 와이즈(Norton Wise, 1940-)가 프린스턴고등연구소의 과학학 교수직에 추천되었다가 예상외로 갑자기 임용이 취소되는 사태가 벌어졌다. 일명 '와이즈 사건'이라고 불리는 이 일의 배후에는 프린스턴고등연구소와 대학의 영향력 있는 과학자들을 통하여 와이즈의 임용을 저지한 와인버그가 있었음이 밝혀지면서 다시금 큰 논란을 빚었다.

그러나 SSC 계획이 폐기된 것은 구소련의 붕괴와 탈냉전시대로 인한 정치적 배경의 변화 때문으로 보는 것이 타당하며, SSK 과학사회학자들에게 큰 책임이 있다는 것은 지나친 비약이라는 것이 중론이다. 소칼, 와인버그 등의 과학자들은 '종로에서 뺨 맞고 엉뚱하게 한강에서 화풀이한' 셈인지도 모른다.

또한 그로스와 레빗 등은 SSK 과학사회학을 비판하면서 이들을 '강단 좌익'이라 규정하며 신좌익의 뒤를 이어 과학과 공학에 폐해를 끼치고 있다고 주장하였다. 그러나 SSK 과학사회학자들의 정치적 성향은 중도 자유주의자이거나 우파에 가깝다는 사실을 감안하면 그리 설득력이 없다.

도리어 사회구성주의자들을 극단적인 방법으로 함정에 빠뜨린 소칼 교수가 스스로 좌파 지식인을 자처한 바 있다. 그가 과거에 니카라과의 산디니스타 좌익 정권 아래에서 수학을 강의했다는 경력을 감안하면, 그는 합리적 사고와 객관적 실재의 강조라는 전통적인 마르크스주의자로서 신념을 지니고 지적 사기사건을 일으켰다는 추론이 가능하다. 물론 소칼과 언행의 궤를 함께한 과학자들 중에는 정치적으로는 우파로서 매우 보수적인 태도를 취한 이들도 있었다.

따라서 과학기술을 대하는 관점에서의 '좌우익'이라는 것, 즉 과학지식의 진리성에 대한 입장이나 과학기술의 유용성이나 폐해 등을 평가하는 태도는 일반적인 정치적, 이데올로기적 입장에 따른 좌우 구분과는 상당한 차이가 있다고도 볼 수 있다.

소칼의 지적 사기사건과 과학전쟁은 이처럼 여러 후폭풍과 논란을 낳으면서 인문사회과학과 자연과학 간의 감정적 골을 더 깊이 팠다는 우려가 있었다. 그러나 한편으로는 '비 온 후에 땅이 굳는' 식으로 극단적 대립과 치열한 논쟁을 겪고 난 후에 비로소 진정한 화해와 상호 이해의 계기를 제공했다고도 볼 수 있다.

미국과 유럽에서 과학전쟁이 한창 진행된 후에, 국내에서도 자연과학 이론의 진리성 및 가치중립성에 대한 논쟁이 벌어졌다. 훗날 서울대 총장을 지낸 저명한 물리학자 한 분과 대표적 과학사회학자 한 분이 《교수신문》을 통하여 몇 차례 글을 올리며 토론을 이어갔다. 그러나 '한국판 과학전쟁'은 미국에서처럼 지적 사기나 상대방에 대한 과도한 비난 없이 무척 점잖고 예의 바르게 진행되었고 함께 생각해볼 만한 것들이 적지 않았으므로, 관심 있는 독자는 지금이라도 읽어보기를 권한다.

토카막 방식의 국제핵융합로(ITER)의 모형
ⓒ Johannes Reimer

상온핵융합이라는 양치기 소년

여름에 폭염이 지속되거나 겨울철에 한파가 몰아쳐 냉난방기 사용에 따른 전력 사용량이 급증하거나 에너지 문제가 심각하게 부각될 때 가끔 고개를 드는 것이 있다. 바로 상온핵융합이다. 사기사건이 많았던 영구기관(永久機關)처럼 인류의 미래 에너지 문제를 한 방에 해결할 수 있다고 떠드는 경우가 간혹 있는데, 의도적인 조작이나 사기까지는 아니라도, 성급한 성공 발표로 혼란을 초래하기도 하였다.

미래의 에너지원으로 꼽히는 핵융합 발전을 위하여 우리나라를 비롯한 세계 각국은 오늘날에도 활발한 연구를 진행하고 있다. 유럽연합, 미국, 일본, 러시아, 중국, 인도와 함께 공동으로 진행되는 ITER(International Thermonuclear Experimental Reactor, 국제 열핵융합 실험로) 프로젝트에 참여한 우리나라는, 한국형 핵융합장치인 KSTAR(Korea Superconducting Tokamak Advanced Research)의 상용화 연구에 박차를 가하고 있다. 그러나 ITER나 KSTAR 같은 일반적인 핵융합 방식인 토카막(Tokamak) 핵융합 장치는 초고온의 플라스마, 초전도 전자석, 극저온 냉각 등 어렵기 그지없는 온갖 극한기술들을 필요로 하기 때문에, 언제쯤 상용화에 성공할지 장담하기 어렵다.

토카막 핵융합 방식 이외에 고출력의 레이저를 이용하여 핵융합 반응을 일으키려는 레이저 핵융합 방식도 있다. 수소폭탄의 원리와도 유사한 레이저 핵융합은 미국의 연구소 등에서 실험을 진행하고 있지만, 이 또한 기술적으로 대단히 어렵기는 마찬가지이다.

1989년 3월, 미국 유타대학의 화학자 스탠리 폰스(Stanley Pons, 1943-)와 마틴 플라이슈만(Martin Fleischmann, 1927-2012)은 기자회견을 열고 상온에서 핵융합 실험을 성공시켰다고 발표하였다. 세계 각국의 언론들은 대서특필하였고, 우리나라 주요 신문들도 대문짝만 한 1면 머리기사로 "인류의 에너지 문제 완전 해결"이라고 보도했던 것을 나도 생생히 기억한다.

'저온핵융합(Cold fusion)'이라고도 표현한 두 화학자가 주장한 바에 따르면, 팔라듐 격자로 된 전극 사이로 중수를 전기분해한 결과 많은 열이 발생했는데 핵융합 반응이 틀림없다는 것이었다. 팔라듐은 막대한 양의 수소를 흡수할 수 있는 능력을 지니고 있으므로, 팔라듐에 전류를 계속 흘려주면 중수에 들어 있던 중수소가 팔라듐 속에 쌓이고, 팔라듐 격자 안에서 압력이 급격히 증가하여 핵융합 반응을 일으킨다는 설명이었다. 기존 이론으로는 이해하기 어려운 획기적인 연구 성과에 폰스와 플라이슈만은 세계적인 스타 과학자로 떠올랐고, 팔라듐 원소의 가격은 급격히 올랐다.

그러나 충격과 흥분을 가라앉힌 전 세계의 과학자들이 차분히 그 실험을 재현하고 검증해본 결과, 상온핵융합이 아닌 것으로 결론지어졌다. 즉 수많은 재현 실험에도 불구하고 핵융합의 산물일 만큼의 충분한 열이 측정되지 않았고, 이론적으로 계산해봐도 팔라듐 격자 안에서 발생한 압력 정도로는 핵융합 반응이 일어날 수 없다는 결과가 나왔다.

폰스와 플라이슈만은 자신들의 실험 결과를 성급하게

잘못 해석하였거나 계산 과정에서 중대한 오류를 범했던 것이다. 이들은 학술 저널을 통하여 충분한 검증을 받기도 전에 대중에게 발표해 혼란을 초래했다는 비난을 받고 대학에서 쫓겨났다. 대중을 기만하거나 부정한 이득을 취할 목적으로 의도적으로 실험 결과를 날조하거나 논문을 조작하지는 않았더라도, 과학계의 검증 전에 언론을 상대로 직접 연구결과를 발표한 것은 매우 잘못된 행위임에 틀림없었다. 이 사건은 과학 커뮤니케이션 차원에서도 큰 문제로 인식되어, 이후 미국 언론계에서 논문이 나오기 전에는 선불리 연구 성과를 보도하지 않는 것이 관례로 자리 잡게 되었다. 또한 이 사건을 계기로 미국 행정부는 ORI(Office of Research Integrity, 연구진실성위원회)의 설립을 추진했다.

폰스와 플라이슈만 후에도, 상온핵융합에 성공하였다는 언론의 보도는 가끔 나온 바 있다. 또한 영화의 소재로도 등장한 바 있는데, 키아누 리브스 주연, 앤드루 데이비스 감독의 〈체인 리액션(Chain Reaction)〉(1996)이 대표적이다. 이 영화의 줄거리는 다음과 같다.

시카고대학의 이공계 대학원생인 주인공 에디(키아누 리브스 분)는 실험을 하다가, 전자 키보드에서 흘러나온 음파가 액체 관에 작용하면서 불빛과 연쇄반응이 이어져 엄청난 에너지가 발생한다는 사실을 발견한다. 이 새로운 에너지는 공해가 없고 적은 원료로 막대한 양을 만들어낼 수 있으므로 고갈되어가는 인류의 에너지 문제를 해결할 수 있을 정도인데, 실험이 성공하여 연구 결과를 공식 발표하기 직전에 주인공은 암살 협박을 받게 되고 실험실은 대폭발에 휩싸여 날아가버린다. 실은 오래전부터 이 연구를 비밀리에 진행해온 미국 정부가 향후 상업적 이용 등에서 주도권을 상실할 우려 때문에 관련 과학자들을 제거하려던 것이었다. 주인공은 이러한 정부의 음모에 맞서 힘겨운 싸움을 벌이게 된다는 이야기이다.

이 영화는 국내외에서 흥행에 성공하지 못했지만, 과학기술적 면에서는 잘못되거나 허황된 부분이 거의 없고 완성도가 높으므로, 이공계 학생이나 과학기술에 관심 있는 이들이라면 꼭 볼 만한 영화로 꼽힌다.

영화에서처럼 액체에 특정 음파를 쏘아주면 빛이 나오는 일은 물리학적으로 실제로 존재하는 현상이다. 이른바 Sonoluminescence, 즉 '음파발광'이라 불리는 이 현상은 꽤 오래전부터 알려져왔고, 여러 물리학자가 이를 이용하여 높은 열과 에너지를 생성하려는 연구를 실제로 진행해온 바 있다.

지난 2004년 3월에는 미국의 몇몇 과학자들이 이런 방식으로 핵융합 반응에 성공했다는 외신 보도가 있었다. 즉 액체가 담긴 시험관에 초음파 진동으로 자극을 가하면서 액체 속의 작은 기포를 압착한 결과, 온도가 수백만 도까지 상승하면서 일부 수소원자가 빛과 에너지를 발산하며 핵융합반응을 일으켰다고 주장했다는 것이다.

국내 통신사가 인용한 당시 기사는 내가 운영위원으로 있는 과학기술인단체의 게시판에도 올라왔는데, 나를 비롯한 여러 회원은 영화 〈체인 리액션〉의 장면이 정말 그대로 실현되는 것인지, 폰스와 플라이슈만의 경우처럼 성급한 발표가 아닌지, 부정적인 댓글을 달았던 적이 있다. 예상대로 이 역시 오류였고, 그전에도 저명 저널에 비슷한 논문이 실리는 등 음파발광에 의한 상온핵융합 주장은 간혹 되풀이되어왔다.

2017년 10월에는 국내 모 공기업체가 상온핵융합에 거액을 투자했다고 하여 국정감사에서 논란이 된 바 있다. 초고온과 온갖 난해한 기술들을 동원하지 않고 핵융합 반응을 일으킬 수 있다는 상온핵융합 연구는 아직도 여러 나라의 과학자들이 매달리는 흥미로운 주제 중 하나이다. 이것에 정말로 성공한다면 인류의 에너지 문제를 해결할 수 있는 구세주가 될 수 있겠지만, 그동안 성급한 주장과 과장, 오류가 많아서 앞으로도 웬만한 성공 발표는 '양치기 소년'으로 취급받을 듯하다.

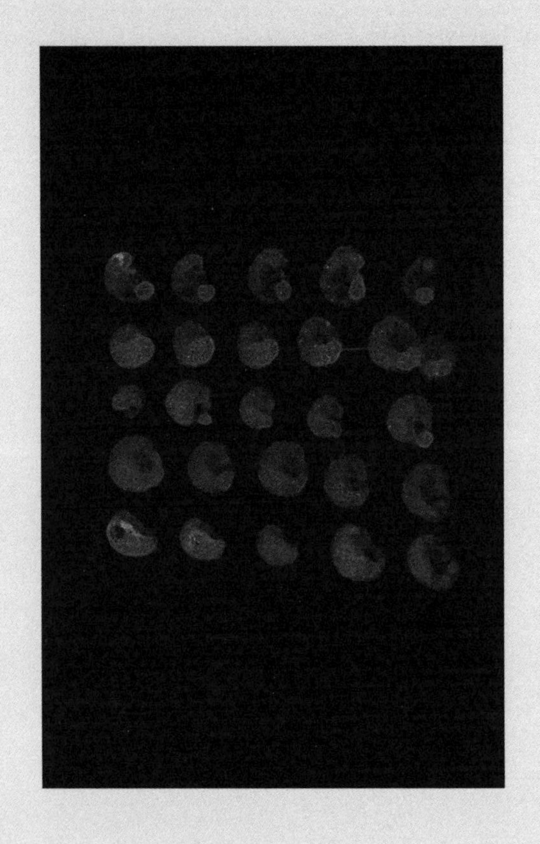

블랑들로가 검출했다고 주장한 N선

N선은 왜 프랑스 과학자들에게만 보였나?

앞의 글에서 언급한 상온핵융합 사례처럼, 훗날 오류로 밝혀진 연구 성공 발표 중에는 명백히 거짓으로 꾸며내거나 실험결과를 의도적으로 왜곡하지는 않았더라도, 확실하게 입증되지 않은 상태에서 대발견을 이루었다고 성급히 주장했던 일들이 국내외에서 간혹 등장한 바 있다. 특히 동료 과학자들조차 그릇된 애국심(?)으로 잘못을 깨닫지 못하고 덩달아서 춤을 춘 어처구니없는 일마저 벌어지기도 한다.

1895년 독일의 과학자 뢴트겐(Wilhelm Conrad Röntgen, 1845-1923)의 X선 발견은 과학의 역사에서 대단히 중요하고 획기적인 업적으로, 인류 문명의 발전에도 큰 족적을 남겼다.

뢴트겐은 1901년 첫 번째 노벨물리학상 수상자가 되었고, 이후 유럽의 과학자들 사이에서는 X선 관련 연구가 붐을 이루었다.

그리고 X선 발견 직후인 1896년에는 프랑스의 과학자 베크렐(Antoine Henri Becquerel, 1852-1908)이 우라늄에서 방사선이 나온다는 사실을 처음 확인하였고, 이 업적으로 퀴리(Qurie) 부부와 함께 1903년도 노벨물리학상을 공동으로 수상하였다. 또한 영국의 물리학자 톰슨(Joseph John Thomson, 1856-1940)이 1897년에 음극선 실험을 통하여 전자(Electron)라는 존재를 처음 확인한 것도 넓게 보면 새로운 광선을 발견한 것으로 생각할 수 있다. 이처럼 19세기 말에 잇달아 새로운 광선과 입자가 발견되자, 과학자들은 아직 발견되지 않은 미지의 광선이 더 있을 것으로 추측하고 앞다퉈 이를 발견하려 애썼다.

이런 와중이던 1903년 프랑스의 과학자 르네 블랑들로(René Blondlot, 1849-1930)는 새로운 광선인 'N선'을 발견했다고 주장하였다. 즉 X선 관련 연구를 하던 중 X선과는 다른 방사광의 존재를 확인하였다고 하면서, 자신이 살던 곳이던 낭시(Nancy)를 따서 N선이라고 이름 지었다.

블랑들로는 가열된 금속선에서 방출되는 N선이 알루미늄은 통과하지만 철은 통과하지 못하며, N선을 굴절시키면 황화칼슘 실을 통하여 검출할 수 있다고 주장하였다. 또한 N선은 세기가 매우 약해서 잘 보이지 않지만, 어두운 방에서 매우 숙련된 실험자에 의해 관찰될 수 있다고 덧붙였다.

이후 수십 명의 프랑스 과학자들이 자신의 실험실에서 N선의 존재를 확인하였다고 발표하였고, 관련 논문도 수백 편 쏟아져 나왔다. 많은 과학자가 블랑들로에게 찬사를 아끼지 않으면서, 멀지 않아 노벨상도 받을 것이라 기대하였다.

그러나 N선의 존재에 의문을 품는 이들도 적지 않았다. 저명 과학 저널인《네이처(Nature)》역시 N선에 회의적이었다. N선이 유독 프랑스의 과학자들에게서 대부분 관찰되었을 뿐, 영국이나 독일 등에서는 같은 실험을 해도 N선을 검출했다는 과학자가 거의 없었다.

결국《네이처》는 존스홉킨스대학의 미국 과학자 로버트 우드(Robert Williams Wood, 1868–1955)를 파견하여 검증하도록 하였고, 결국 N선은 존재하지 않는 것으로 밝혀졌다. 즉 블랑들로와 그의 조교들이 실험을 하기에 앞서 N선 감지에 필수적이던 프리즘을 우드가 몰래 제거했지만, 이를 몰랐던 블랑들로는 N선이 똑똑히 감지된다고 말했기 때문이다.

이 결과가 《네이처》에 공개되자 N선을 확인했다는 수많은 프랑스 과학자들은 그제야 "솔직히 말해서 N선을 확실히 보지는 못했다"고 고백하였다. N선의 존재를 확인했다는 실험 결과는 사실 관찰자의 주관적 판단과 착시현상에 의한 것임이 밝혀졌다. 그들은 블랑들로의 유명세에 너무 쉽게 편승하였고, 독일의 과학자에 의해 발견된 X선에 대항하고자 하는 그릇된 애국주의 때문에 집단 환각에 빠져 있었다는 비판을 받았다. 블랑들로는 이후에도 N선이 존재한다는 주장을 굽히지 않았으나, 1909년에 60세 나이로 은퇴한 후 세인들의 기억에서 사라진 채 쓸쓸히 여생을 살다가 세상을 떠났다.

1932년도 노벨화학상을 수상한 미국 화학자 어빙 랭뮤어(Irving Langmuir, 1881-1957)는 과학적인 사기나 사이비과학(Pseudo-Science)과는 약간 다른 범주의 '병적인 과학(Pathological science)'이라는 개념을 언급하면서, 대표적인 예로 블랑들로에 의한 N선 발견을 거론한 바 있다. 즉 놀라운 과학발견의 주장들 중 궁극적으로는 거짓으로 밝혀진 것들이 적지 않은데, 의도적인 논문조작이나 사기, 날조까지는 아니더라도 과학의 객관성과 합리성 상실의 결과로 나타나는 현상이라는 것이다.

랭뮤어가 제창한 병적인 과학의 또 다른 사례로 볼 수 있는 것으로 1960년대에 구소련의 과학자들이 발견했다고 주장한 이른바 '고분자 물(Polywater)'도 있다. 이전까지 알려진 물의 성질과는 아주 다른 특이한 성질을 나타내는 긴 사슬구조의 고분자로 된 새로운 물로서, 그 양이 매우 적어 실험적으로 확인하기도 대단히 어렵다는 것이었다. 즉 고분자 물을 얻기 위해서는 특별한 조건에서 매우 조심스럽게 실험해야 하며, 실험하는 이의 남다른 기술과 능력이 요구된다고 주장하였다.

그러나 기존 물과 다르게 보일 수 있었던 고분자 물의 특성은 불순물의 영향으로 밝혀졌다. 이 또한 지나친 주관적 편견의 영향을 받은 잘못된 것으로 결론지어졌다.

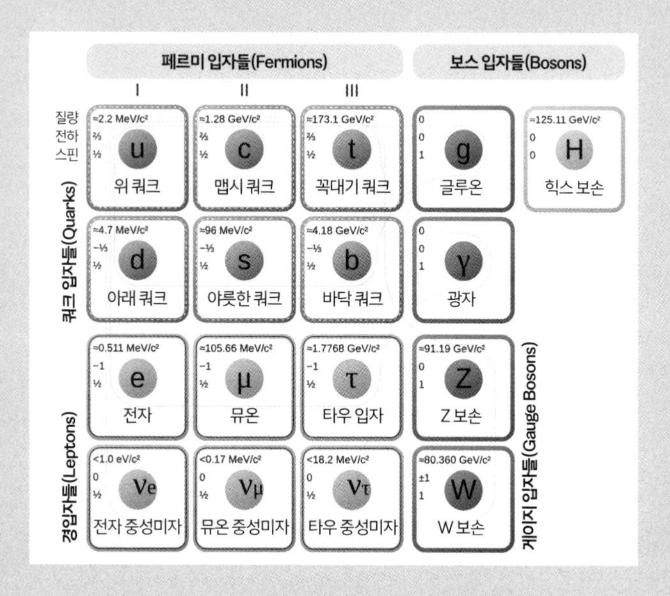

현대 소립자 물리학의 표준 모형

동양사상에 근거한 제로존 이론?

2007년 여름, 국내의 한 시사 월간지는 국내 과학자가 세계 물리학계에 혁명을 일으킬 만한 획기적 이론을 발표하였다고 대서특필하였다. 치과의사 출신의 '재야 물리학자'가 주창한 이른바 '제로존 이론'으로 질량, 길이, 시간 등 물리량의 7개 기본단위를 숫자로 바꿔서 호환되도록 했는데, 이는 기존 입자물리학에 커다란 충격을 줄 만한 대단한 업적이며 노벨물리학상 수상도 확실시된다고 흥분하였다. 또한 대학 부총장, 정부출연 연구기관 박사 등 상당수 지도급 과학기술자들이 제로존 이론을 지지하며 높게 평가했다고 썼는데, 이후 대통령 비서실에서 정부 차원의 지원 여부를 검토하기 위해 관련 기관에 진위를 알아보라고 지시하였다는 얘기도 들려왔다.

그러나 특종 보도의 기대와 달리, 정작 국내 물리학계와 관련 전문가들의 반응은 냉담했다. 이른바 제로존 이론이란 단순히 물리 상수들을 짜맞춘 숫자놀음에 불과하며, 과학의 범주에 속하지 않는다는 게 그들의 입장이었다. 더구나 그전에 이 이론을 주창한 사람이 모 기업에 연구비를 요청하자 해당 기업은 어느 입자물리학자에게 제로존 이론에 대해 검증을 부탁하며 연구자를 만나 면밀하게 심사해줄 것을 요청했는데, 그 학자는 검토 결과 "과학적 검증을 거부하는 것은 더 이상 과학이 아니다"라고 말하면서 유사과학의 위험성에 우려를 표하기도 하였다.

결국 한국물리학회가 나서서 학회 산하의 대언론지원단을 통해 대책을 논의하고 공식적인 검증을 했고, 그 결과 "소위 제로존 이론은 과학적 가치가 전혀 없다"는 내용의 성명을 발표하기에 이르렀다. 이로 인하여 한때나마 대중을 흥분시켰던 제로존 이론 파문은 서둘러 수그러들었다.

이 소동 역시 한 월간지의 '세계 과학사를 새로 쓰는', '노벨상 0순위' 등의 선정적인 기사로 시작되었으므로 부정확한 언론보도의 문제점과도 관련 있었으나, 과학계에서 이와 비슷한 사건들이 잊을 만하면 되풀이되는 그 배경을 살펴볼 필요가 있다.

먼저 대중의 과학에 대한 이해 문제인데, 기사를 쓰는 기자도 과학에 관한 수준과 전문성 면에서 일단 '대중'이라 생각한다면, 기사가 대중의 과학에 대한 이해와 기대를 반영했다고 볼 수 있을 것이다. 그런데 이러한 대중의 기대는 왜곡된 민족주의, 국수주의 정서와 긴밀하게 맞닿아 있는 경우가 많다. 서양에서 주로 발전해오던 최신 입자물리학 이론을 우리나라 재야 과학자가, 그것도 동양사상적 기반과 직관에 의해 일거에 바꿀 수 있다니, 대단하지 않은가? 그래서 특종에 목말라 있던 기자가 흥분해서 이성을 잃고 성급하게 대서특필한 것은 아니었을까?

특히 간과할 수 없는 점은 이른바 '신과학'이라 자칭하는 유사과학 혹은 잘못된 과학 신념의 폐해가 적지 않다는 점이다. 이들은 신과학이 기존 과학의 패러다임을 송두리째 바꾸고 새로운 문명과 세계를 열어나갈 지름길이라고 주장하면서 일부 대중의 호감도 얻는데, 이들을 모두 다 사이비과학(Pseudo-Science)이라 매도할 수는 없다. 그러나 신과학 중 상당수가 동양사상적 세계관을 강조하는 경우가 많은데, 이것은 현대 과학기술문명의 문제점과 폐해를 나름대로 극복하려는 시도로 해석할 수도 있겠지만, 근대 과학혁명 이후 줄곧 서양과학에 뒤처져온 것을 일거에 역전시켜보자는 정서도 바탕을 이룬다.

이처럼 왜곡된 민족주의, 국수주의 정서에 바탕한 잘못된 과학 신념의 폐해는 제로존 이론을 높게 평가한 것으로 거론된 일부 과학기술자들의 태도에서도 드러난다. 제로존 이론을 가장 적극적으로 옹호했던 과학기술자 중에는 그간 신과학 운동에서 주축이 되어 활동했던 이들도 포함되었다.

함께 거론되었던 다른 지도급 과학기술자들은 실제 어느 정도로 관심과 지지를 표명했는지, 그저 덕담 정도로 말한 것을 과장한 것은 아닌지 모를 일이나, 비전공자들이 너무 쉽게 생각하고 발언했다면 이 역시 과학의 차원이 아닌 개인적 신념이나 호감이 작용했을 가능성이 크다. 즉 일부 과학기술자들이 "나는 해당 분야(입자물리학)의 전문가가 아니어서 잘은 모르겠지만……"이라고 말하면서까지 제로존 이론을 지지하는 태도를 보인 것은, 과학을 대하는 기본적인 태도조차 결여한 것이므로 철저히 반성하여야 할 것이다.

과학적 방법론과 검증이 아닌 특정 사상이나 이념에 기대어 인위적으로 과학을 몰고 가려는 발상은 역사적으로 한 번도 성공한 적이 없다. 도리어 옛소련의 리센코(Lysenko) 사건, 미국의 소칼(Sokal) 사기사건 해프닝처럼 큰 혼란과 폐해만 가져왔다. 검증되지 않은 지극히 자의적이고 주관적인 신념으로 혹세무민하려 한다면, 대중의 과학적 사고를 마비시키고 사회적으로 적지 않은 악영향을 끼칠 수 있으니 모두 경계해야 한다.

자석을 공중에 띄우는 초전도체
ⓒ Peter nussbaumer

상온초전도체 소동

2023년 7월, 한국의 연구자들이 논문 사전 공개 사이트인 '아카이브(arXiv)'에 발표한 논문 하나가 큰 주목을 받으면서, 이후 국내뿐 아니라 세계적으로도 큰 소동과 논란을 몰고 왔다. 논문의 요지는 세계 최초로 상온상압 초전도체를 구현했다는 것이었는데, 일부 대중은 해당 연구 성과가 노벨물리학상을 당연히 수상할 정도로 대단할 뿐 아니라, 여러 기술과 산업을 획기적으로 발전시키면서 관련 분야 세계 최고의 선진국으로 우리나라를 이끌 수 있다고 섣부른 기대감과 흥분마저 감추지 않았다.

한동안 국내외를 떠들썩하게 만들었던 상온상압 초전도

체가 도대체 무엇인지, 먼저 그 의미와 초전도체의 역사를 개괄적으로 살펴볼 필요가 있다.

초전도체가 지닌 독특한 특성인 초전도(Superconductivity) 현상이란 전기가 흐를 때 저항이 전혀 없는 상태, 즉 '영(0Ω)'이 되는 것을 의미한다. 절대온도 0도(0°K)에 가까운 극저온에서 나타나는 이 현상을 1911년에 우연히 처음 발견한 네덜란드의 물리학자 오너스(Heike Kámerlingh Onnes, 1853-1926)는 1913년도 노벨물리학상을 수상하였다. 그리고 초전도 현상을 이론적으로 규명한 세 명의 물리학자인 바딘(John Bardeen, 1908-1991), 쿠퍼(Leon N. Cooper, 1930-), 슈리퍼(John Robert Schrieffer, 1931-2019) 역시 1972년도 노벨물리학상을 공동으로 수상하였다. 이들이 정립한 이론을 세 명의 머리글자를 따서 BCS 이론이라 부른다.

이 이론에 따르면 초전도 현상을 나타내는 임계온도는 대략 절대온도 30도를 넘기가 어렵지만, 1980년대 후반 이후 BCS 이론으로 설명하기 어려운 새로운 초전도체, 즉 극저온이 아닌 상당한 고온에서도 초전도 현상을 보이는 물질들이 잇달아 발견되면서 한때 초전도 연구 붐이 일어나기도 하였다. 고온초전도체를 발견한 물리학자들인 베트

노르츠(Johannes Georg Bednortz, 1950-)와 뮐러(Karl Alexander Müller, 1927-)는 1987년에 노벨물리학상을 받았다.

초전도체를 이용하면 전기 손실이 없는 원거리 송전이 가능하고, 축전지를 쓰지 않고도 전기를 대량으로 저장할 수 있으며, 강력한 자기장을 내는 전자석도 만들 수 있으므로 응용 분야가 무궁무진하다. 초전도 양자간섭소자(SQUID) 및 거대 입자가속기나 핵융합 발전용 초전도 전자석으로 일부는 이미 실용화되었고, 특히 의료, 교통, 정보통신, 에너지 분야에서 큰 주목을 받아왔다.

그러나 아무리 고온초전도체라 해도 그간의 임계온도는 절대온도 100도, 섭씨로는 영하 170도를 웃도는 정도였으므로 상온에 비해서는 무척 낮은 온도였다. 따라서 액체질소를 써서 냉각시켜야 하기 때문에 번거롭고 비용도 더 들었다. 널리 활용되기는 어렵고 상용화의 폭은 제한될 수밖에 없었다.

한동안 답보 상태를 벗어나지 못했던 고온초전도체 연구는 21세기 이후 초고압기술을 활용하여 임계온도를 높이면서 새로운 전기가 마련되었다. 2020년, 랑가 디아스(Ranga Dias) 교수는 초고압의 상온에서 초전도체를 만들었다고 저명 저널인 《네이처(Nature)》에 발표하여 주목받았다. 그러나 재현 실험이 제대로 되지 않고 데이터 조작 혐의가 불거지면서 2022년 이후 디아스의 논문들은 철회되었고, 설령 상온초전도체가 맞는다고 하더라도 최소 1만 기압 이상의 매우 높은 기압이 필요하므로 역시 실용성은 크게 떨어질 수밖에 없었다.

그러한 와중에 세계 최초로 초고압이 아닌 상압과 상온에서 초전도체를 만들었다는 논문이 한국 연구자들에 의해 발표되었으니 큰 주목을 받을 수밖에 없었다. 그러나 연구자들이 'LK-99'로 명명한 상온상압 초전도체 논문을 공개한 곳은 정식 학술지가 아닌 사전 공개 사이트인 '아카이브'였다. 다른 연구자들의 검증을 받은 것이 아니다 보니 학계에서는 매우 신중한 반응을 보였다. 또한 이를 보도한 언론에서도 처음에는 비교적 차분한 논조로, 이것이 사실이라면 대단한 업적인 것은 틀림없지만 철저히 검증할 필요가 있다는 기사가 대부분이었다.

그러나 해당 분야의 연구자가 아닌 일부 대중이 상온상압 초전도체가 확실한 것인 양 매우 성급한 반응을 보였다. 이들의 황당하기까지 한 주장과 진위가 불분명한 영상이

유튜브와 각종 SNS로 급속히 확산되었고, 국내뿐 아니라 해외에서도 관심이 집중되었다. 이에 따라 처음에는 비교적 신중했던 언론마저 상당수가 부화뇌동하면서 지나치게 낙관적인 장밋빛 기사들을 쏟아냈고, 초전도체 관련 업체들의 주가가 폭등과 폭락을 거듭하는 바람직하지 못한 일이 벌어졌다.

더 우려스러웠던 것은 상온상압 초전도체의 진위를 가리기 위해 검증에 나선 과학자들과 비판적인 언급을 한 전문가들에게, 시기 질투에 눈먼 한심하고 무능한 자들 또는 매국노나 마찬가지라는 비난과 폭언을 퍼붓고 협박마저 해대는 이들도 있었다는 점이다.

이는 앞의 글들에서 언급한 'N선 발견 주장', '제로존 이론 소동', '황우석 사태'에서도 언급되었던, 지나친 애국주의, 국수주의적 감성과 편견에 의해 자연과학의 객관성과 진리성이 위협받는 전철이 되풀이된 셈이라 하겠다. 즉 상온상압 초전도체 논문을 발표한 연구자들이 의도적인 데이터 조작이나 심각한 연구 부정행위를 하지는 않았다 하더라도, 일찍이 랭뮤어(Irving Langmuir, 1881-1957)가 지적한 '병적인 과학(Pathological science)'의 양상을 보였던 것이다.

대중뿐 아니라 연구 당사자인 논문의 저자마저 연구 배경과 과정을 설명하면서 관련 없는 민족주의적 감성에 호소하는 듯했다. 논문의 제목 또한 과학기술 논문으로는 적합하지 않은 문구를 포함하고 있었다. 그리고 논문의 공저자 중 한 명은 국내 연구기관에 재직하던 2005년에, 자신이 연구하던 분야에서 '100조 원 가치의 연구성과'를 냈다면서 지나치게 과대포장한 발표를 하여 논란을 빚었던 인물이다.

그러나 LK-99가 상온상압 초전도체가 틀림없다는 연구 당사자들의 주장과 일부 대중의 흥분에도 불구하고, 재현실험과 검증에 나섰던 국내외 전문가들은 부정적 견해를 내놓았다. 아카이브에 해당 논문이 공개된 지 한 달도 되지 않았던 2023년 8월, 학술지 《네이처》는 세계 곳곳의 권위 있는 연구소에서 실험한 결과들을 바탕으로 LK-99는 초전도체가 아니며 불순물의 영향으로 초전도체와 유사한 성질을 보였다고 발표하였다.

검증위원회를 꾸려서 공식 검증에 나섰던 한국초전도저온학회 또한 원논문의 데이터와 국내외의 재현실험결과를 종합한 결과, 2023년 12월에 "LK-99가 상온상압 초전도체라는 근거는 전혀 없다"라는 결론을 내렸고 관련 백서를 발간, 배포하였다.

이로써 한때 대중에게 부푼 꿈과 기대를 선사했던 세계 최초의 상온상압 초전도체 소동은 결국 일장춘몽으로 끝났다. 하지만 과학기술계를 포함한 우리 사회가 되짚어보고 반성할 숙제들을 남겼다.

국내외 유사한 사건들에서 반복되었던 지나친 애국주의적, 국수주의적 편견, 속칭 '국뽕 과학'의 위험성을 다시 상기한 계기였다. 그러나 일부 대중과 언론의 어리석은 행태가 반복되니 매우 답답한 일이다.

그리고 과학 언론 또는 과학의 대중화와 관련해서도 반성할 부분이 많다. 애초 공개된 논문에 다수 언론이 처음에 신중한 반응을 보인 것은 바람직한 태도였다. 그러나 일부 대중의 성급한 주장들이 유튜브, SNS로 무분별하게 확산되면서 사회 전체적으로 흥분의 도가니에 빠지고, 관련 주가들이 널뛰기한 것은 크게 우려되는 점이었다.

물론 상온초전도체라는 과학적 이슈가 사회 전반적으로 큰 주목을 받으면서, 과학기술에 대한 대중적 이해와 관심이 고양된 일부 긍정적 면도 있다. 그러나 신문과 방송이라는 기존 레거시 미디어의 영향력은 상대적으로 퇴조하면서 유튜브, SNS 등 개인미디어의 힘이 갈수록 커지는 오늘날, 이들의 역기능과 부정적 측면에 대해 어떻게 대처해야 할지 과학 언론과 과학 대중화의 관점에서도 쉽지 않은 숙제를 남겼다 하겠다.

이와 관련해서도 또 하나 빼놓을 수 없는 점이 논문 사전 공개 사이트의 역할이다. 이는 논문이 정식 출간되는 학술지는 아니지만, 연구자들이 자유롭게 게재하여 동료들의 의견을 들을 수 있는 나름 의미 있는 온라인 공간이다. 그러나 원래의 긍정적 기능에서 일탈하여 검증되지 않은 주장에 상당수 대중이 현혹되는 일이 발생하고 다른 목적으로 악용될 가능성도 있다면, 누가 어떻게 책임을 질 수 있을까 하는 의문이 들 수밖에 없다.

(4부)

잘못된 과거 이론들

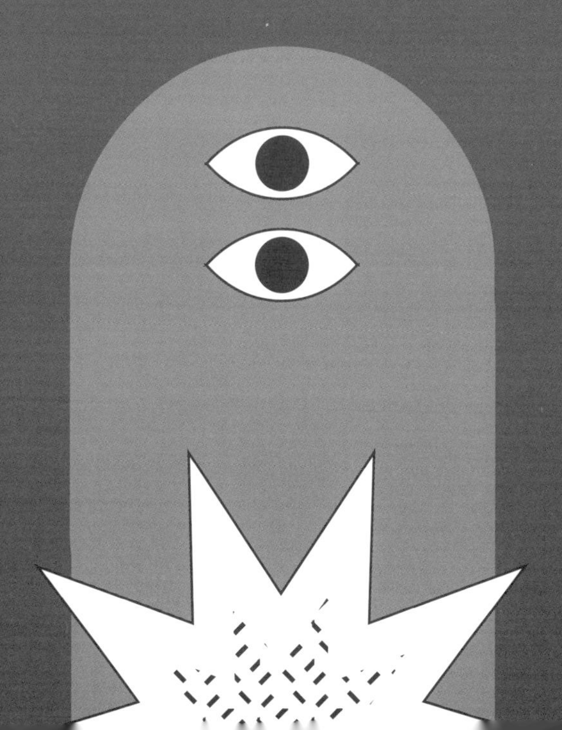

고생대에 번성했던 삼엽충의 화석
ⓒ Daderot

옛날 사람들은 화석을 어떻게 생각했을까?

인류 역사상 최고의 천재로 손꼽히는 레오나르도 다빈치(Leonardo da Vinci, 1452-1519)는 오늘날에도 여전히 국내외에서 많은 관심과 화제를 불러일으키는 인물이다. 오늘날 우리 과학교육에서 특히 강조되는 융합인재교육(STEAM)에서도 레오나르도 다빈치가 가장 이상적인 인물로 꼽히며, 그의 다양한 업적과 생애가 재조명되곤 한다.

그는 르네상스 시대의 대표적 예술가이자 건축가, 사상가로서 매우 많은 분야에서 특출한 업적을 남겼다. 과학기술 분야에서는 비행기, 낙하산, 헬리콥터, 잠수함 등 시대를 앞서는 여러 발명품을 창안하여 사람들을 놀라게 했다.

그런데 그의 과학적 업적에서 빼놓을 수 없는 것이 하나 있으니, 화석의 정체를 처음으로 정확하게 밝혔다는 점이다.

다빈치 이전의 사람들은 화석에 대해 상당히 다양한 견해를 내놓았다. 그리스 시대의 아낙시만드로스(Anaximandros, BC 610?-547?)는 땅속에서 물고기의 화석을 발견하고는 "인간의 조상은 물고기의 모양을 하고 있었기 때문에, 땅속에서 발견된 물고기 모양의 돌은 인간 조상의 유해일 것이다"라고 해석하였다. 또한 피라미드의 석회암에서 발견된 작은 콩 모양의 원생동물 화석을 두고, 피라미드를 건설하던 사람들이 먹던 콩 등이 굳어져서 만들어진 것으로 추측한 사람도 있다.

생물학의 시조라고 일컬어지는 아리스토텔레스(Aristoteles, BC 384-322)와 그의 제자들은 "모든 생물은 흙속에서 태어나는데, 처음에 잘못 만들어져서 그대로 흙속에 버려진 것이 화석이다"라고 설명하였다.

기독교적 세계관이 지배한 중세 유럽에서는 과학은 신학의 시녀라는 표현에 걸맞게, 화석도 『성경』의 말씀을 뒷받침하는 방향으로 설명되었다. 즉 산속에서 조개의 화석이 발견된 것을 두고 "노아의 홍수 때 산까지 떠밀려간 조개들이 죽어서 남은 것"이라고 해석하였다. 또한 이미 멸종되고 없는 기이한 동물들의 화석에 대해서는 "하느님이 흙으로 빚어서 창조하려다가, 실수로 생명을 불어넣는 것을 잊어서 그렇게 된 것이다"라고 그럴듯하게 설명하였다.

근대 초까지도 널리 믿어졌던 이러한 견해들에 맞서서 "화석은 고대 동식물의 유해가 땅속에 묻혀 오랜 세월을 지나는 동안 돌과 같이 변한 것"이라는 정확한 해석을 한 이가 레오나르도 다빈치이다.

그의 고국인 이탈리아 북부의 롬바르디아 지방은 알프스 산맥이 인접한 곳으로, 조개 화석이 많이 나오기로 유명한 곳이었다. 바다 근처도 아닌 높은 산기슭에서 조개 화석이 발견된 것을 두고, 대부분 사람은 『성경』에 나오는 노아의 홍수 때문이라고 굳게 믿었다.

그러나 조개 화석이 발견된 지층의 구조, 화석의 배열 모양 등을 유심히 관찰해온 레오나르도 다빈치는 노아의 홍수론에 의문을 품었다. 예를 들어 조개껍데기 화석을 포함한 지층이 2층 이상이던 경우도 많았는데, 『성경』에 노아의 홍수가 두 번 이상 있었다는 기록은 없었다.

건축, 토목 분야에서도 뛰어난 재능을 발휘하던 레오나

르도 다빈치는 당시 활발히 행해졌던 큰 건물의 건축, 운하의 개설 등을 설계하고 지휘하는 일도 자주 맡았다. 여러 공사의 과정에서 땅속을 깊숙이 파내려가는 경우도 많았으므로, 그는 자연스럽게 화석과 지층을 자세히 관찰할 기회를 가졌다. 그때마다 습곡과 단층 등 여러 모양의 지층과 그 사이에서 발견된 여러 화석을 빠짐없이 노트에 기록하고 연구를 계속하였다. 그 후 조수와 함께 롬바르디아 지방을 여행하면서 조개 화석과 지층을 면밀히 관찰하고 충분한 화석을 채집한 결과, 다음과 같은 옳은 결론에 도달하였다.

"지금은 산악지대인 롬바르디아 지방은 먼 옛날에는 강이나 바다였을 것이다. 퇴적된 흙모래나 화산재 등으로 많은 조개가 묻히고, 그 후 큰 지각변동이 일어나서 표면이 솟아올라 산이 되었기 때문에, 오늘날 산속에서 많은 조개 화석이 발견되는 것이다. 따라서 노아의 홍수와 조개 화석과는 아무런 관계가 없다."

그런데 한 가지 재미있는 사실은 레오나르도 다빈치는 이와 같은 화석에 관한 훌륭한 연구와 업적을 다른 사람들이 알아보기 어렵게, 글자의 좌우가 뒤집힌 모양으로 왼손으로 노트에 기록해놓았다는 것이다. 거울에 비춰 보면 내용을 곧 알 수 있지만, 그냥 보면 읽기가 어려웠을 것이다.

아마도 가톨릭교회의 위세가 대단하던 당시 사회에서, 교회의 가르침이나 『성경』의 말씀과 다른 자신의 주장을 나름대로 보존하기 위한 방법이었을 것이다. 가톨릭교회에 맞서서 지동설을 주장하던 갈릴레이(Galileo Galilei, 1564-1642) 같은 과학자들이 상당한 탄압을 받았던 것을 보면, 레오나르도 다빈치의 왼손 노트 기록은 현명한 생각이었는지 모른다. 그 노트에는 조개 화석에 대한 연구뿐 아니라, 앞에서 언급한 비행기의 원리에 대한 연구 등 시대를 뛰어넘는 많은 선구적인 업적과 연구들이 기록되어 있다.

레오나르도 다빈치의 왼손 노트는 그가 죽은 지 300년이 지난 후에야 빛을 보았다. 지질학자들은 그의 노트를 화석에 대한 연구의 출발점으로 삼았다. 또한 그가 지층을 연구할 때 자신의 논거로 삼았던 "자연에는 거짓이 없다"는 믿음은 현대 지질학의 기본원칙과 매우 비슷하다. 즉 "현재는 과거를 아는 열쇠이다"로 표현되는 동일과정의 법칙과 같은 맥락이다. 그가 근대 지질학과 고생물학의 연구에도 올바른 지침을 마련해준 것이라고 볼 수 있다.

생물의 자연발생설에 종지부를 찍은 파스퇴르

생물은 저절로 생겨날까?

'모든 생물에는 어미가 있다'는 평범한 진리는 이제 누구도 의심하지 않는 상식으로 통한다. 아무리 하찮은 생물이라도 저절로 생겨나는 것이 아니라, 다른 개체로부터 발생한다는 사실은 당연하게 여겨진다.

그러나 먼 옛날에는 그렇지 않았다. 많은 사람이 물가에 있는 나무에서 거위가 생기고, 연못가의 돌에서 개구리가 생긴다고 굳게 믿을 정도로 '생물의 자연발생설'이 널리 받아들여졌다. 생물학이 체계적으로 정립되기 시작한 고대 그리스 시대에도, 고등한 생물들은 어미로부터 발생하지만, 하등한 생물들은 무생물이 지닌 '자연의 활력'으로 우연히 생긴다고 설명되었다. 특히 곤충이나 쥐 같은 동물은 흙이나 부패된 물질에서 자연적으로 생긴다고 여겨졌다.

네덜란드의 레이우엔훅(Antony van Leeuwenhoek, 1632-1723)은 자신이 만든 현미경으로 동물의 정자를 최초로 관찰한 사람이다. 그는 정자의 내부 구조까지 관찰할 수는 없었지만 이를 바탕으로 생물의 발생학에 관해 연구하였다. 또한 수프나 우유에서 미생물을 관찰한 후, 미생물의 자연발생을 주장하였다.

1745년에 영국의 니담(John T. Needham, 1713-1781)은 닭고기즙과 야채즙을 가열하여 시험관에 넣고 코르크 마개를 막은 후, 다시 가열하여 방치해두었는데도 많은 미생물이 발생하였다고 보고하였다. 그는 큰 생물들은 자연적으로 발생하지 않더라도, 미생물만은 자연적으로 발생한다고 주장하였다.

이에 대하여 이탈리아의 스팔란차니(Lazzaro Spallanzani, 1729-1799)는 1765년에 비슷한 실험을 반복하면서, 니담이 마개를 잘못 막았거나 충분히 끓이지 않았기 때문이라고 지적하였다. 즉 시험관을 완전히 밀봉한 후 장시간 펄펄 끓인 쪽에서는 미생물이 발견되지 않았으나, 마개를 느슨하게 막아서 약간만 끓인 쪽에서는 미생물이 생겼다는 것을 알고, 미생물의 자연발생설에 부정적인 견해를 밝혔다.

그러나 니담은 스팔란차니의 실험에서 고기 수프 속의 생물 발생 요소가 장시간의 가열로 파괴된 데다가, 공기마저 변질되었기 때문에 미생물의 발생이 불가능해진 것이라고 반박하였다. 생물이 발생하는 데에는 공기가 꼭 필요하다는 견해도 그럴듯하게 보였기 때문에, 공기를 완전히 밀봉한 스팔란차니의 실험으로는 생물 자연발생설을 완전히 부정할 수 없었다.

생물의 자연발생 여부에 관한 지리하고도 오랜 논쟁에 종지부를 찍은 사람은 '백신의 발견'으로 인류를 전염병의 공포에서 해방시킨 프랑스의 과학자 루이 파스퇴르(Louis Pasteur, 1822-1895)이다. 1822년 프랑스의 시골에서 태어난 파스퇴르는 대학에서 뒤마(Jean-Baptiste-André Dumas, 1800-1884) 교수의 지도 아래 화학을 공부하였고, 유기물의 부패나 포도주, 치즈의 발효가 미생물의 작용이라는 사실을 밝혀내는 등 미생물학의 발전에 획기적인 공헌을 한 인물이다.

그는 생물의 자연발생설이 잘못이라는 것을 명확히 입증하기 위하여, 플라스크에 설탕물과 효모의 혼합액을 넣고 플라스크의 목 부분을 가열하여 S자 모양으로 가늘고 길게 뽑은 후, 혼합 유기물 용액을 끓여서 식힌 채로 공기 중에 방치하였다. 공기는 플라스크 안으로 자유롭게 드나들 수 있지만, 공기 중의 미생물이나 그 포자는 기다란 S자 관의 중간에서 붙잡힐 것이라고 생각했다. 과연 파스퇴르의 추측대로 몇 달이 지난 후에도 플라스크 안에서는 미생물이 발견되지 않았고, S자 관 부분을 잘라버리거나 플라스크를 기울여서 용액을 미생물이 붙잡힌 입구 부위에 접촉시켰다가 놓은 후에는 미생물이 자라기 시작하였다.

파스퇴르는 1862년 무렵까지 자신이 고안한 이 절묘한 실험을 반복해 보임으로써 생물의 자연발생설에 종지부를 찍고 '모든 생물은 같은 종류의 개체들로부터 생겨난다'는 생물속생설을 확립하는 데 기여하였다.

한편 생물의 자연발생설에 대한 부정은 '그렇다면 최초의 생명체는 어떻게 생겨났을까?'라는 더욱 어렵고 새로운 문제를 제기하게 되었다. 이러한 생명기원론에 대해 구소련의 과학자 오파린(Aleksandr Ivanovich Oparin, 1894-1980)은 "원시지구에서 무기물질로부터 유기물질로의 화학반응을 통하여 단 한 번의 자연발생이 일어남으로써 원시적인 생명이 합성되었을 것"이라고 1936년에 『생명의 기원』이라는 책에서 주장한 바 있다.

이른바 오파린 가설 혹은 '코아세르베이트설'로 불리는 이 견해는 그동안 유력한 이론으로 받아들여져 왔으나, 생명체의 기원이라는 난해한 문제를 완벽하게 설명하기에는 한계가 있을 수밖에 없다.

그리하여 생명의 씨앗이 우주의 다른 천체에서 지구로 날아왔다는 천체비래설을 주장하는 학자들도 꽤 있고, 심지어 '생명은 창조주에 의해서 창조된 것'이라는 메타과학적 견해마저 있다. 그러나 생명창조론은 개인적 신앙의 대상은 될지언정, 입증할 수 있는 과학의 영역은 아니다. 이를 무리하게 과학으로 끌어들이면 사이비과학이 되기 쉽다.

최근에는 우주생물학이 발달하면서 혜성이 우주에서 지구로 외계 생물을 실어왔다는 이론이 상당한 힘을 얻고 있다. 만약 지구에서 생명체가 탄생하지 않았다면, 우주에 존재하는지 여부를 밝히려는 노력이 계속되고 있는 그 외계 지적생명체의 정체가 바로 우리 지구인이 되는 셈이다.

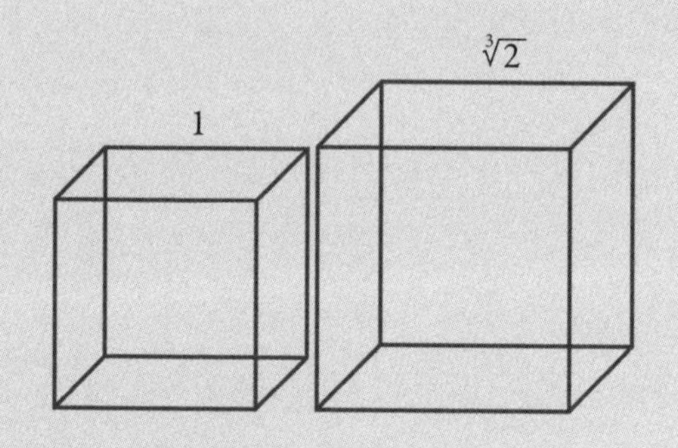

체적이 2배가 되는 정육면체의 작도는
2의 세제곱근을 작도하는 문제로 귀결된다.

수학문제는 다 풀 수 있을까?

과학이 눈부시게 발달하고 있는 오늘날, 사람들은 과학이나 수학이 모든 문제를 다 풀 수 있다고 생각하기 쉽다. 물론 과거에 비해 풀 수 있는 문제들이 훨씬 많아졌고, 지금은 잘 풀리지 않는 문제도 과학, 수학이 더욱 발전할 미래에는 풀릴 것이라고 기대할 수도 있다.

그러나 잘 살펴보면 과학에서 원천적으로 '풀리는 문제'란 매우 일부에 지나지 않는다고 볼 수 있다. 고전역학에서도 해석적으로 완벽히 풀리는 것은 2체 문제, 즉 두 물체에 관한 일반적인 운동방정식을 구하는 문제와 선형 진동자밖에 없다. 나머지는 거의 섭동(Pertubation)에 의하여 풀이하는 등 엄밀히 말하면 근사적으로 값을 구하는 것일 뿐이다. 이른바 '3체 문제', 즉 물체의 개수가 둘보다 하나만 많아져도 이들 사이의 일반적인 운동방정식을 세워서 푸는 것은 불가능이다.

근래에 패러다임의 이동이 얘기되는 경우가 많은데, 과학이나 수학으로 모든 문제가 풀리는 것이 아니라 '원래 안 풀리는' 문제가 있다고 생각하는 것도 일종의 패러다임의 변화이다.

수학사상 이러한 불가능의 문제로 가장 유명한 것이 고대 그리스 이래의 3대 작도문제이다. 3대 작도문제란 눈금 없는 자와 컴퍼스만을 가지고 1) 임의의 각을 3등분하여 작도하는 것, 2) 주어진 원과 같은 면적의 정사각형을 작도하는 것, 3) 임의의 정육면체의 체적이 2배가 되는 정육면체를 작도하는 것이다.

첫 번째의 각도를 3등분하는 문제의 경우, 각도기를 쓰면 금방 해결이 될 텐데 왜 눈금 없는 자와 컴퍼스만을 써야 하느냐고 의아해하는 사람도 있을 것이다. 그러나 고대 그리스 사람들은 기하학이야말로 가장 아름답고 완전한 학문으로 여겼으며, 원과 직선만으로 모든 체계를 이루어야 하기 때문에 기하학의 도구로는 눈금 없는 자와 컴퍼스 외에는 인정하지 않았다.

각의 3등분 문제에 각도기를 쓰면 어떻겠냐는 질문에 그리스 기하학자라면 다음과 같이 대답했을 것이다. “각도기는 편리한 도구일지 모르나 읽을 수 있는 것은 눈금이 표시된 데까지만 가능할 터이니, 원리적으로 각을 이등분하거나 삼등분하는 일은 각도기로는 불가능하다.”

세 번째 정육면체에 관한 문제는 이른바 ‘델로스(Delos)의 문제’라 불린다. 이에 관한 유명한 일화가 있다. 고대 그리스의 델로스 섬에서 전염병이 창궐했고, 사람들은 델로스 섬이 출생지인 아폴론(Apollon)신에게 그 병을 없애달라고 빌었다. 그러자 아폴론신은 신탁으로 “나의 신전 앞에 정육면체 제단이 있는데, 그 제단의 두 배 부피를 갖는 새로운 제단을 만들어 바쳐라”고 하였다. 그래서 사람들은 그 제단과 똑같은 부피의 제단을 하나 더 만들어서 두 개의 제단을 이루었는데, 그 후에도 전염병은 없어지지 않았다고 한다. 사람들이 다시 한번 물으니, 아폴론신은 “내가 바라는 것은 두 개의 제단이 아니라, 원래보다 부피가 두 배가 되는 정육면체 제단이다”라고 하였다.

정확한 뜻을 알게 된 사람들은 이 문제를 풀어보려고 머리를 싸매고 고민하였으나, 제대로 되지 않아서 당대의 유명한 학자인 플라톤(Platon, BC 427-347)에게 부탁했다고 한다. 플라톤은 자와 컴퍼스 외에 새로 고안한 기계를 써서 부피가 2배가 되는 정육면체를 만들었다. 이후로는 전염병이 사라져서 그 섬은 평화를 되찾았다고 한다.

그러나 정작 문제를 해결한 플라톤은 우쭐해하기는커녕 제자들에게 "나는 자와 컴퍼스 외에도 기계를 사용함으로써 고귀한 기하학의 정신을 더럽히는 매우 비겁한 짓을 하였다"라고 말하며 매우 부끄럽게 생각했다고 한다.

이러한 3대 작도 문제는 이후 거의 2,000여 년 동안 수많은 쟁쟁한 수학자들이 자와 컴퍼스만으로 풀려고 도전하였으나 제대로 풀리지 않았다.

이 문제들이 해결된 것은 19세기에 들어와서이다. 1837년에 프랑스의 수학자 방첼(Pierre Laurent Wantzel, 1814-1848)은 첫 번째의 각 3등분 문제가 자와 컴퍼스만으로는 해결 불가능하다는 것을 해석기하학을 써서 증명하였다. 즉 이 문제는 3차방정식의 해를 구하는 문제로 귀결되는데, 3차방정식의 해를 일반적인 작도로 구한다는 것은 원천적으로 불가능하다는 사실을 밝혀낸 것이다. 그는 세 번째의 정육면체 문제도 비슷한 방법으로 불가능함을 증명하였다. 이것은 $x^3-2=0$에 해당하는 방정식의 해를 구하는 문제로 귀결되는데, 2의 세제곱근을 자와 컴퍼스만으로 작도하는 것은 원래 안 되는 일인 것이다.

두 번째의 원과 정사각형 문제는 독일의 린데만(Ferdinand Lindemann, 1852-1939)에 의해 해결되었다. 그가 바로 원주율 π가 초월수라는 사실을 증명한 사람이다. π를 근으로 하는 대수방정식이 존재할 수 없다는 것을 밝힘으로써 이 문제 역시 원천적으로 불가능함을 증명하였다.

문제를 풀어내는 일 못지않게 원래 풀 수 없는 문제임을 증명하는 일도 매우 중요하다. 다른 사람들의 헛된 노력, 수고를 미리 방지하여, 그들이 그 시간에 더 중요한 일을 할 수 있도록 돕는 셈이 된다. 물론 불가능한 문제를 풀려고 애쓰는 과정에서 다른 부산물도 얻을 수 있으니 반드시 헛수고라고 단정하기는 어렵다. 그러나 3대 문제가 모두 불가능함으로 결론 지어진 오늘날에 이것을 풀겠다고 머리를 싸매고 노력하는 기인(奇人)들은 여전히 있다. 그중에는 꽤 유명한 수학자도 있다.

1986년에 촬영된 핼리혜성
ⓒNASA W. Liller

꼬리 달린 별의 공포

지구가 혜성, 소행성 등의 다른 천체와 충돌하게 된다는 끔찍한 재난을 그린 영화들이 개봉되어 인기를 끈 바 있다. 혜성, 즉 꼬리별의 정체가 밝혀진 오늘날에도 인간은 혜성을 여전히 두려운 존재로 인식하고 있다.

그런데 혜성이 무엇인지 몰랐던 옛날 사람들은 혜성을 훨씬 더 무서워하였다. 동서양을 막론하고 평소에 안 보이던 꼬리 달린 별의 출현은 불길한 징조로 여겨졌으며, 많은 고대 민족의 전설에는 혜성 이야기가 빠짐없이 등장한다. 우리의 설화가 담긴 『삼국유사』에도 신라시대의 향가 융천사(融天師)의 〈혜성가(彗星歌)〉를 비롯해 혜성과 관련된 이야기들이 나온다.

중세시대 유럽에서는 혜성은 지구 대기 중의 해로운 증기가 모여서 만들어진 것이며, 이는 곧 전쟁, 가뭄, 홍수, 전염병 등 온갖 재난을 불러오는 것이라고 믿었다. 혜성은 '악마의 칼'로 묘사되었고, 혜성이 나타난 해에 공포심을 이기지 못하여 죽는 사람들도 적지 않았다고 한다. 심지어 어떤 사람들은 혜성을 자세히 들여다보았더니 그 속에 '도끼, 단검, 피 묻은 칼과 함께 많은 사람의 목이 잘린 채 널려 있는' 무시무시한 광경을 목격했다고 말하기도 하였다.

오늘날에는 웃음이 나올 만한 이런 주장들이 옛날에는 상당한 설득력을 가졌다. 아마도 혜성이 다른 천체와 달리 갑자기 나타나는 데다가, 긴 꼬리가 있는 특이한 모양을 지녔기 때문이라고 본다.

근대 과학혁명기에 접어들면서 천문학에서 많은 발전이 이루어질 무렵, 혜성에 대한 연구도 큰 진전을 보였다. 케플러(Johannes Kepler, 1571-1630)의 스승으로 알려진 덴마크의 천문학자 티코 브라헤(Tycho Brahe, 1546-1601)는 망원경도 없던 때에 육안관측으로 정확한 천문관측 기록을 많이 남긴 것으로 유명하다. 그는 혜성이 대기권 안의 증기로 생긴 현상이 아니라 천체의 하나라고 주장하였다. 그 근거로 관측자의 위치를 달리해도 혜성이 보이는 방향은 변하지 않는다는 사실을 들었다.

티코 브라헤의 천문관측 결과를 토대로 행성에 관한 운동법칙을 세운 케플러 역시 혜성에 대해 연구했는데, 그는 1607년에 나타난 혜성이 태양계 속을 직선으로 통과하는 천체일 것이라고 생각하였다. 케플러의 법칙을 토대로 만유인력과 운동법칙을 밝혀 과학혁명을 완결시킨 뉴턴(Isaac Newton, 1642-1727) 역시 혜성이 태양계 주위를 운동하는 천체의 하나라고 생각했으며, 혜성도 일반 행성들과 마찬가지로 태양의 인력에 의해 운행되며 그 궤도는 포물선일 것이라고 주장하였다.

혜성의 궤도를 면밀히 관측하고 이에 대한 가장 체계적인 연구를 한 인물은 에드먼드 핼리(Edmund Halley, 1656-1742)이다. 핼리는 뉴턴과 비슷한 시대의 사람으로 서로 잘 아는 사이이기도 했다.

1656년 영국 런던에서 태어난 그는 일찍부터 수학, 천문학에 흥미를 가졌고, 16세 나이로 옥스퍼드대학에 입학하였다. 그러나 1676년 대학을 중퇴하고 남반구의 천체와 항성을 관측하기 위하여 훗날 '나폴레옹의 유배지'로 유명해진 세인트헬레나 섬으로 건너갔다. 그는 그곳에서 351개의 항성을 관측하여 위치를 결정하고, 수성의 태양면 통과를 관측하여 태양시차결정법을 고안해냈다.

그는 또한 항성들의 위치를 자세히 조사한 결과, 고대 그리스 시대에 관측되고 기록되었던 항성의 위치와 약간 차이가 난다는 것을 알았다. 이를 토대로 항성도 운동을 한다는 것을 깨달았다. 그러나 이를 계산하려면 당시의 수준으로는 대단히 복잡하고 어려운 수학이 요구되었다. 그래서 항성에 대한 연구에서는 큰 진전을 보지 못하였다.

그러나 그는 여러 혜성의 궤도를 자세히 관측하여 그 결과를 발표하였다. 그중 하나가 아주 주기적으로 태양계에 접근하였음을 밝혔다. 즉 1531년, 1607년, 1682년에 나타난 대혜성의 궤도는 매우 비슷해 보였는데 그것은 하나의 동일한 혜성일 것이며, 그 주기는 75~76년이기 때문에 1758년경에 다시 태양 주위에 나타날 것이라고 예언하였다. 이 대혜성이 그의 이름을 딴 핼리혜성이다.

핼리는 1703년에 옥스퍼드대학 교수가 되었고 1720년에는 오늘날에도 전 세계에 표준시를 제공하는 그리니치 천문대의 2대 대장으로 부임하는 등 천문학의 발전에 크게 공헌하였다. 그러나 자신이 예측한 대혜성의 다음 출현을 보지 못하고 1742년에 세상을 떠났다.

1758년 크리스마스 밤에 독일의 아마추어 천문가가 그 대혜성을 발견하였다. 이로써 혜성의 정체가 더욱 확실하게 밝혀졌다. 모든 혜성이 다 그런 것은 아니지만, 상당수는 태양 주위를 타원형 궤도를 그리며 주기적으로 운동한다는 사실이 입증되었던 것이다. 이러한 혜성은 더 이상 예측 불허, 공포의 대상이 아니라 다른 행성들과 마찬가지로 태양계의 한 식구임이 알려진 것이다.

예언자인 핼리의 업적을 기리기 위하여 이 대혜성에 그의 이름을 붙였다. 핼리혜성은 그 뒤로도 어김없이 75~76년에 한 번씩 지구와 태양 근처를 찾아왔다. 가장 최근에 핼리혜성이 지구 부근을 방문한 때는 1986년이다. 그 궤도나 주기는 그때마다 조금씩 변해왔는데, 태양계의 행성들 중 가장 크고 무거운 목성의 인력에 영향을 받기 때문이다. 핼리혜성에 관한 오래된 기록 중 하나는, 1066년 중국 『송사(宋史)』에 "꼬리가 하늘을 가로지르고, 수미가 함께 지평에 달하였다"라고 적힌 것이다.

태양계 외곽의 오르트 구름(Oort cloud)으로부터 태양계 안쪽으로 찾아오는 혜성의 수와 종류는 무척 많으며, 그 주기도 짧은 것은 몇 년부터 긴 것은 수백, 수천 년에 이르기도 한다. 또한 다른 행성의 영향을 받아 태양계에서 영영 벗어나는 것도 생기고, 도중에 소멸하기도 한다. 오늘날에도 여전히 새로운 혜성들이 발견되고 있는데, 아마추어 천문가들이 혜성 발견의 개가를 올리는 경우가 대부분이라고 한다.

혜성은 긴 꼬리를 가지고 있기 때문에 대단히 큰 천체라고 착각하기 쉽다. 실은 대부분의 태양계 혜성들의 크기는 행성의 100만 분 1 이하로 매우 작다. 또한 가스로 구성된 꼬리 부분은 밝게 빛나긴 해도 밀도는 아주 낮다. 따라서 혜성은 보기보다 매우 미미한 천체이며, 더 이상 인간에게 불행과 재난을 예고하는 무서운 존재도 아니라 할 수 있다.

오늘날에는 우주 탐사의 하나로서 혜성에 대한 탐사도 활발히 이루어지고 있다. 혜성은 태양계 형성 초기의 구성 성분을 많이 포함하고 있고 지구의 생명 탄생과도 관련 있을 것으로 추정되기 때문이다. 혜성탐사선 스타더스트(Stardust)호는 2004년에 혜성의 분출물로부터 표본을 채취

해왔고, 로제타(Rosetta)호는 2014년에 최초로 혜성에 탐사 로봇을 착륙시키는 데 성공했다.

프리스틀리가 산소 포집 실험에 사용한 볼록렌즈(복제품)
ⓒUser : Ruhrfisch

플로지스톤이라는 유령 — 산소의 발견자들

"물질이 탄다는 것은 어떠한 현상일까?" 오늘날에는 초등학생 정도의 상식만 있어도 "산소와 결합하는 것"이라고 쉽게 대답할 수 있다.

그러나 사실 따지고 보면 이것을 명확히 설명하기란 쉬운 일이 아니다. 먼 옛날에는 눈에 보이지도 않는 '산소(Oxygen)'라는 존재를 밝혀내기가 쉽지 않았다. 물질이 연소한다는 것은 산소와 결합하는 현상이라는 것이 화학적으로 밝혀지기 전에는 이른바 '플로지스톤(Phlogiston)설'이 물질의 연소를 설명하는 확고한 이론이었다.

독일의 슈탈(Georg Ernst Stahl, 1660-1734)에 의해 정립된 이

플로지스톤 이론에 따르면 '물질이 탄다'는 것은 그 속에 들어 있던 플로지스톤이 빠져나가는 것이라고 설명되었다. 플로지스톤은 우리말로 연소(燃素)로도 불리는데, 플로지스톤이 빛과 열을 내며 격렬하게 빠져나가는 것이 곧 '불'이며 이것이 다 빠져나간 뒤에는 '재'만 남는다고 여겨졌으므로, 일견 그럴듯했다.

타기 쉬운 물질일수록 플로지스톤을 많이 포함하며, 숯은 거의 순수한 플로지스톤 덩어리로 인식되었다. 금속에 녹이 슬거나, 공기 중에 태워서 산화하는 것도 금속의 플로지스톤이 빠져나가는 과정이라고 설명하였다.

이처럼 연소의 과정뿐만 아니라, 금속의 산화와 환원, 동물의 호흡을 설명하는 데에도 플로지스톤이라는 정체불명의 원소를 이용하여 하나의 일관된 이론체계를 만들었고, 당시에는 널리 인정되었다.

한편 금속이 산화하여 금속재가 될 때는 무게가 늘어난다는 사실이 당시에도 알려져 있었다. 일반적으로 플로지스톤이 빠져나가면 무게가 가벼워지고 재만 남는다는 해석과 일견 모순되어 보였다. 여기에 대해서는 '어떤 플로지스톤은 마이너스의 무게를 지닌다'라는 이상한 논리가 통용되었고, 플로지스톤 이론은 18세기 말까지 화학계의 움직일 수 없는 패러다임으로서 대부분 학자가 신봉하고 있었다.

이와 같은 플로지스톤설을 깨뜨리고 '물질의 연소는 산소와 결합하는 현상'이라는 것을 명확히 밝힌 사람은 프랑스의 대화학자 라부아지에(Antoine Laurent de Lavoisier, 1743-1794)이다. 그는 '근대 화학의 아버지'로 불릴 만큼 화학의 발전에 획기적인 업적을 남겼다.

다만 산소를 처음 발견한 과학자는 라부아지에가 아니다. 스웨덴의 화학자 셸레(Karl Wilhelm Scheele, 1742-1786)와 영국의 프리스틀리 목사(Joseph Priestley, 1733-1804)가 처음 발견했다.

셸레는 어린 나이에 약제사의 조수로 시작하여 오로지 독학으로 화학을 공부하였다. 여러 화합물의 성질을 연구하던 중 독극물까지 혀에 댔다가 죽을 고비를 넘기는 등 그의 남다른 노력과 예리한 관찰, 실험은 과학사에 귀감이 되고 있다. 그는 밀폐된 플라스크 안에서 인(燐)을 태워보는 실험을 한 결과, 물질의 연소를 돕는 공기로서 산소를 발견하였고 이것을 '불의 공기'라고 이름 붙였다.

그러나 셸레는 플로지스톤 이론의 신봉자였기 때문에 연소의 메커니즘을 제대로 밝혀내지는 못하였다. 셸레는 불의 공기를 발견한 후 다음과 같이 설명하였다. "아마도 불의 공기는 플로지스톤에 세게 끌리는 성질을 가지고 있을 것이다. 이 공기는 모든 가연성 물질 속에 있는 플로지스톤을 쉽사리 붙잡아낸다. 따라서 모든 물질은 불의 공기 속에서 잘 타는 것이다."

당시로서는 매우 훌륭한, 상당히 그럴듯한 설명이었으나 여전히 큰 수수께끼 하나가 풀리지 않았다. 플로지스톤은 그렇다 치고, 그 불의 공기는 연소 후 어디로 가는 것일까? 만약 셸레가 연소 실험 후 플라스크 안에서 없어진 불의 공기가 어디로 갔는지 밝혀낼 수 있었다면 그는 화학의 발전에 신기원을 이룩한 인물로서 길이 이름을 남겼을지 모른다. 그러나 그는 플로지스톤 이론을 너무 믿고 있었고 플로지스톤의 정체가 무엇인지, 즉 연소가 어떤 과정으로 이루어지는지 끝내 밝히지 못했다.

프리스틀리 목사는 성직자로서도 이름이 높았고 전기학에도 조예가 깊었다. 그는 셸레와는 독자적으로 연구하였다. 그는 더러워진 공기를 맑게 해주는 것이 무엇인지 연구한 끝에, 생명체에 활력을 주는 신선하고 깨끗한 공기로서 산소를 발견하였다.

프리스틀리 목사는 이 공기가 식물에서 나오며 인간의 건강 및 생존에도 필수라는 사실까지 알아냈다. 또한 빨간 수은, 즉 산화수은에 볼록렌즈로 태양광을 집속시켜 가열함으로써 산소를 포집하는 데 성공했으나, 이 공기에 '플로지스톤을 제거한 공기'라고 이름 붙였다. 역시 플로지스톤설에서 벗어나지 못했던 것이다.

나중에 라부아지에가 "플로지스톤 따위는 없다!"라는 획기적인 주장과 함께 연소라는 현상은 물질이 산소와 격렬하게 결합하는 것이라는 사실을 명확히 밝히기 전까지, 플로지스톤은 수많은 화학자를 괴롭힌 '유령'으로 남아 있었다.

정밀한 실험을 통하여 에테르가 존재하지 않음을 밝힌 마이컬슨

상대성이론의 길을 연 에테르 가설과 간섭계

세상에는 온갖 종류의 파동이 널려 있다. 소리를 전달하는 음파(Sound wave, 音波), 휴대전화, 지상파 방송에 사용되며 전자레인지에서 음식을 데우기도 하는 전자기파(Electromagnetic wave, 電磁氣波), 해변에 밀려오는 풍랑 등이 모두 파동이다. 그리고 대부분의 파동은 매질을 통해서 전파(傳播)되는데, 공기의 압력 변화로 생기는 음파는 물론 공기라는 매질을 통해서 전달되지만 물, 금속 같은 액체나 고체의 매질을 통해서도 전달된다.

지진이 일어났을 때 발생하는 지진파는 지각, 맨틀 등 지구 내부를 구성하는 매질을 통하여 전달되고, 바다의 풍랑이나 너울, 그리고 간혹 세계 곳곳에서 큰 피해를 주는 쓰나미(Tsunami)는 모두 바닷물을 매질로 하여 전달되는 파동이다.

반면에 이들과 달리 매질을 통하지 않고도 직접 전파되는 파동도 있으니 대표적인 것이 전자기파이다. 빛도 전자기파의 일종이므로, 태양 빛은 매질이 없는 거의 진공 상태에 가까운 우주 공간을 가로질러 지구에 도달할 수 있다.

그런데 빛의 실체가 확실하게 밝혀지기 전에도 빛을 파동의 일종이라 생각해온 물리학자들은 빛 역시 반드시 매질을 통해서만 전달된다고 생각하였다. 즉 우주 공간에 보이지 않는 매질이 가득 차 있을 것으로 생각했고, 그것을 '에테르(Ether)'라고 지칭하였다. 빛의 파동성을 주장했던 대표적인 물리학자인 하위헌스(Christiaan Huygens, 1629-1695) 등이 빛의 매질로서 에테르라는 용어를 처음 사용했다. 하지만 에테르는 원래 '맑고 깨끗한 대기'를 의미하는 것으로 고대 그리스 시대부터 있던 말이다.

그런데 19세기 이후 맥스웰(James Clerk Maxwell, 1831-1879), 헤르츠(Heinrich Rudolf Hertz, 1857-1894)에 의해 빛이 전자기파의 일종이라는 사실이 명확히 밝혀진 후, 빛을 전파하는 매질이라 가정한 에테르의 정확한 실체 및 속성에 대한 논란이 이어지게 되었다. 이 경우 전자기학 체계가 뉴턴(Isaac Newton, 1642-1727)의 고전역학과 일치하지 않는 것처럼 보이게 되고, 빠르게 움직이는 물체의 전자기적 현상을 기술하자면 물리학의 기본법칙이 그때마다 바뀌는 모순이 나타나기 때문이었다.

과학의 새로운 지평을 연 역사적 순간들을 살펴보면, 대개 여러 가지 요소들을 포함하는 경우가 많다. 특히 물리학의 경우 기존 패러다임을 깨뜨릴 만한 대단히 혁신적인 이론도 중요하지만, 이를 뒷받침하고 명확하게 증명할 만한 실험 또한 마찬가지로 중요하다. 뢴트겐(Wilhelm Konrad Röntgen, 1845-1923)에 의해 우연히 발견된 X선 검출 실험, 원자핵의 존재를 입증한 러더퍼드(Ernest Rutherford, 1871-1937)의 금속박에 의한 α(알파)선 산란 실험은 물리학 및 과학의 역사를 바꾼 중요한 실험으로 꼽힌다.

그런데 과학의 새로운 장을 여는 데 결정적 기여를 한 중요한 실험 장치가 하나 있는데, 다름 아닌 광간섭계(光干涉計), 그중에서도 마이컬슨 간섭계(Michelson interferometer)이다.

빛의 파동이 일으키는 속성 중 하나인 간섭현상은 근대

적인 광학이 발달함에 따라 비교적 일찍부터 알려져왔는데, 이를 측정하는 실험 장치가 간섭계이다. 일반적으로 동일한 광원에서 나오는 빛을 둘 이상으로 나누어 광 경로에 차이가 나게 하고, 이 빛들이 다시 합쳐지게 하면 이때 발생하는 간섭현상을 관찰할 수 있다. 간섭계에도 여러 가지 종류가 있는데, 이를 사용하면 미세한 광행로차로 생기는 간섭무늬에 의해 빛의 파장이나 매질의 굴절률, 길이의 측정 등 다양한 계측과 실험이 가능해진다.

마이컬슨 간섭계는 하나의 광원에서 나온 빛을 두 갈래로 나누고, 이 빛들이 직각을 이루어 나아가도록 한 뒤 반사를 통하여 다시 만나게 하여 간섭무늬를 기록하게 하는 장치로서, 원리 자체는 비교적 간단하다. 이러한 마이컬슨 간섭계가 역사적으로 막중한 역할을 한 것으로 꼽히는 경우가 빛의 전파 매질이라 여겨진 에테르의 존재 여부를 확인한 실험이었다.

1886년부터 진행된 마이컬슨-몰리의 실험이라 불린 이 실험은 만약 에테르가 존재한다면 광원이 지구의 자전에 의해 운동할 때 빛이 진행한 거리의 차이가 간섭무늬에 반영될 것이므로, 마이컬슨 간섭계로 그것을 측정할 수 있다고 가정하여 실시되었다.

즉 당시 에테르 이론에 따르면, 빛을 둘로 나눠서 지구의 운동 방향 및 직각 방향으로 같은 거리를 왕복시킬 경우, 에테르가 빛의 속도에 영향을 미쳐서 양쪽의 시간에 미세한 차이가 생기므로 광행로차에 의한 간섭무늬가 생겨야 한다. 그러나 두 사람이 반복하여 실험했음에도 이러한 간섭무늬는 전혀 검출되지 않았다.

따라서 빛의 매질로서 에테르라는 것은 실재하지 않으며, 빛의 속도는 광원의 운동에 영향을 받지 않는다는 사실이 밝혀졌다. 이는 훗날 광속 불변의 원리에 기반한 아인슈타인(Albert Einstein, 1879-1955)의 상대성이론의 탄생에 결정적 기여를 했다.

이와 같은 정밀한 간섭계를 만들어서 실험한 이들은 마이컬슨(Albert Abraham Michelson, 1852-1931)과 몰리(Edward Williams Morley, 1838-1923)라는 두 명의 미국 물리학자이다. 폴란드 태생의 마이컬슨은 미국해군사관학교를 졸업한 후 해상근무를 하면서 광학과 음향학에 관심을 가지고 광속도 측정 실험 등에 종사하였고, 1881년에 마이컬슨 간섭계를 고안하고 제작하였다. 몰리는 미국 뉴저지주 출생으로 화학자이자 물리학자로 활동하면서, 대기 중의 산소함유량 측정 및 물을 구성하는 수소와 산소의 중량비 정밀측정 등의 업적을 남겼다.

오늘날에는 간섭계의 광원으로서 대부분 레이저광을 사용한다. 단색성으로 매우 밝고 직진성도 있으므로, 간섭현상을 관찰하는 데 최적의 조건을 갖춘 광원이다. 이제는 레이저가 아닌 일반 광원으로 간섭실험을 진행하기에는 무척 어렵다고 여겨진다.

그러나 레이저는 1960년대 이후에 발명되었고, 마이컬슨과 몰리가 실험하던 당시에는 당연히 레이저 광원은 존재하지도 않았다. 따라서 두 사람은 대단히 뛰어난 실험 기술을 발휘하여 정밀한 실험을 마친 셈이다. 마이컬슨은 간섭계 제작 및 광속 정밀측정의 공로로 1907년도 노벨물리학상을 받았다. 미국 물리학자로는 최초로 수상한 노벨물리학상이었다.

마이컬슨 간섭계는 21세기에 들어서도 또 한 번 물리학의 발전에 결정적 공헌을 했다. 2015년 9월, 레이저 간섭계 중력파 관측소(Laser Interferometer Gravitational Wave Observatory, LIGO)가 최초로 중력파를 관측하여 이듬해에 확인 발표를 한 것이다. 이는 1916년에 발표된 아인슈타인의 일반상대성이론에서 예견되었던 중력파가 100년 만에 실험으로 증명된 것이다. 이에 공헌한 물리학자들은 2017년도 노벨물리학상을 공동으로 수상하였다.

그런데 레이저 간섭계 중력파 관측소는 다름 아닌 거대한 마이컬슨 간섭계의 일종으로서, 세계에서 가장 큰 초대형 간섭계이다. 흥미롭게도 마이컬슨 간섭계를 통한 실험이 한 번은 상대성이론의 길을 열어주었고, 또 한 번은 상대성이론을 다시 확증함으로써 두 번이나 물리학의 역사에 길이 빛날 업적을 남겼다.

참고 문헌

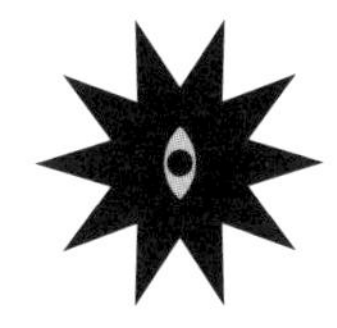

국내서

- 갈릴레오 갈릴레이, 이무현 역, 『대화 - 천동설과 지동설, 두 체계에 관하여』, 사이언스북스, 2016.
- 갈릴레오 갈릴레이, 이무현 역, 『새로운 두 과학 - 고체의 강도와 낙하 법칙에 관하여』 사이언스북스, 2016.
- 강양구, 『과학의 품격』, 사이언스북스, 2019.
- 고재현, 『빛의 핵심』, 사이언스북스, 2020.
- 김기덕, 『초전도체』, 김영사, 2024.
- 김명진, 『20세기 기술의 문화사』, 궁리, 2018.
- 김영식, 『과학혁명』, 민음사, 1984.
- 김영식, 임경순, 『과학사신론』, 다산출판사, 1999.

- 김영식 편, 『역사 속의 과학』, 창작과비평사, 1982.
- 김영식 편, 『근대사회와 과학』, 창작과비평사, 1989.
- 김웅진, 『생물학 이야기』, 행성비, 2015.
- 김현철 『강력의 탄생』, 계단, 2021.
- 노벨 재단, 이광렬/이승철 역, 『당신에게 노벨상을 수여합니다: 노벨물리학상』, 바다출판사, 2024.
- 노벨 재단, 유영숙/권오승/한선규 역, 『당신에게 노벨상을 수여합니다: 노벨생리의학상』, 바다출판사, 2024.
- 노벨 재단, 우경자/이연희 역, 『당신에게 노벨상을 수여합니다: 노벨화학상』, 바다출판사, 2024.
- 니콜라스 비트코브스키, 스벤 오르톨리, 문선영 역, 『과학에 관한 작은 신화』, 에코리브르, 2009.
- 리처드 도킨스, 이용철 역, 『이기적인 유전자』, 두산동아, 1992.
- 마가렛 체니, 이경복 역, 『니콜라 테슬라』, 양문, 2002.
- 문중양, 『우리역사 과학기행』, 동아시아, 2006.
- 문환구, 『발명, 노벨상으로 빛나다』, 지식의날개, 2021.
- 마티아스 호르크스, 배명자 역, 『테크놀로지의 종말』, 21세기북스, 2009.
- 민태기, 『판타레이』, 사이언스북스, 2021.
- 박익수, 『과학의 반사상』, 과학세기사, 1986.
- 박인규, 『사라진 중성미자를 찾아서』, 계단, 2022.

- 세스 슐만, 강성희 역, 『지상 최대의 과학 사기극』, 살림, 2009.
- 소련과학아카데미 편, 홍성욱 역, 『세계기술사』, 동지, 1990.
- 송성수, 『기술의 프로메테우스』, 신원문화사, 2006.
- 송성수, 『사람의 역사, 기술의 역사』, 부산대학교출판부, 2011.
- 송성수, 『세상을 바꾼 발명과 혁신』, 북스힐, 2022.
- 쓰즈키 다쿠지, 『맥스웰의 도깨비』, 전파과학사, 1979.
- 아이라 플래토, 황성현 역, 『작은 아이디어로 삶을 변화시킨 발명 이야기』, 고려원미디어, 1994.
- 아이작 뉴턴, 박병철 역, 『프린키피아』, 휴머니스트, 2023.
- 아이작 아시모프, 과학세대 역, 『아시모프 박사의 과학이야기』, 풀빛, 1991.
- 앨런 소칼 외, 이희재 역, 『지적 사기』, 민음사, 2000.
- 야마모토 요시타카, 이영기 역, 『과학의 탄생』, 동아시아, 2005.
- 야마모토 요시타카, 김찬현/박철은 역, 『과학혁명과 세계관의 전환 1: 천문학의 부흥과 천지학의 제창』, 동아시아, 2019.
- 야마모토 요시타카, 박철은 역, 『과학혁명과 세계관의 전환 2: 지동설의 제창과 상극적인 우주론들』, 동아시아, 2022.
- 야마모토 요시타카, 박철은 역, 『과학혁명과 세계관의 전환 3: 세계의 일원화와 천문학의 개혁』, 동아시아, 2023.
- 오정근, 『중력파, 아인슈타인의 마지막 선물』, 동아시아, 2016.
- 오진곤, 『서양과학사』, 전파과학사, 1977.

• 유클리드, 이무현 역, 『기하학 원론 – 평면기하』, 교우사, 1997.
• 윌리엄 브로드, 니콜라스 웨이드, 김동광 역, 『진실을 배반한 과학자들』, 미래M&B, 2007.
• 이상욱 외, 『욕망하는 테크놀로지』, 동아시아, 2009.
• 이인식 외, 『세계를 바꾼 20가지 공학기술』, 생각의 나무, 2004.
• 임경순, 『20세기 과학의 쟁점』, 민음사, 1995.
• 임경순, 『100년 만에 다시 찾는 아인슈타인』, 사이언스북스, 1997.
• 임경순, 『21세기 과학의 쟁점』, 사이언스북스, 2000.
• 임경순, 『현대 물리학의 선구자』, 다산출판사, 2001.
• 장수하늘소, 『과학신문 1 – 생물 · 지구과학』, 파라북스, 2006.
• 장수하늘소, 『과학신문 2 – 물리 · 화학』, 파라북스, 2007.
• 장회익, 『과학과 메타과학』, 지식산업사, 1990.
• 제임스 글리크, 박배식 역, 『카오스』, 동문사, 1993.
• 전상운, 『한국과학사』, 사이언스북스, 2000.
• 정세영, 박용섭 외, 『물질의 재발견』, 김영사, 2023.
• 존 호건, 김동광 역, 『과학의 종말』, 까치, 1997.
• 최무영, 『최무영 교수의 물리학 강의』, 책갈피, 2019.
• 최성우, 『과학사X파일』, 사이언스북스, 1999.
• 최성우, 『상상은 미래를 부른다』, 사이언스북스, 2002.
• 최성우, 『과학은 어디로 가는가』, 이순, 2011.
• 최성우, 『대통령을 위한 과학기술, 시대를 통찰하는 안목을 위하

여』, 지노, 2022.

• 토머스 S. 쿤, 김명자/홍성욱 역, 『과학혁명의 구조』, 까치, 2013.
• 퍼시 윌리엄스 브리지먼, 정병훈 역, 『현대 물리학의 논리』, 아카넷, 2022.
• 하이젠베르크, 김용준 역, 『부분과 전체』, 지식산업사, 2005.
• 한국초전도저온학회 LK-99 검증위원회, 《LK-99 검증백서》, 한국초전도저온학회, 2023.
• 한정훈, 『물질의 물리학』, 김영사, 2020.
• 한학수, 『여러분! 이 뉴스를 어떻게 전해 드려야 할까요?』, 사회평론, 2006.
• 홍성욱, 『생산력과 문화로서의 과학기술』, 문학과지성사, 1999.
• 홍성욱, 『과학은 얼마나』, 서울대학교 출판부, 2004.
• 홍성욱, 『홍성욱의 STS, 과학을 경청하다』, 동아시아, 2016.
• 홍성욱, 이상욱 외, 『뉴턴과 아인슈타인, 우리가 몰랐던 천재들의 창조성』, 창비, 2004.
• A. 리히터, 조한재 역, 『레오나르도 다빈치의 과학노트』, 서해문집, 1998.
• A. 섯클리프, A. P. D. 섯클리프, 박택규 역, 『과학사의 뒷얘기 I – 화학』, 전파과학사, 1973.
• A. 섯클리프, A. P. D. 섯클리프, 정연태 역, 『과학사의 뒷얘기 II – 물리학』, 전파과학사, 1973.

•A. 섯클리프, A. P. D. 섯클리프, 이병훈/박택규 역, 『과학사의 뒷얘기 III – 생물학 · 의학』, 전파과학사, 1974.
•A. 섯클리프, A. P. D. 섯클리프, 신효선 역, 『과학사의 뒷얘기 IV – 과학적 발견』, 전파과학사, 1974.
•E. H. 카아, 길현모 역, 『역사란 무엇인가』, 탐구당, 1982.
•KISTI 메일진, 『과학향기』, 북로드, 2004.

국외서

• Arthur I. Miller, 『Albert Einstein's Special Theory of Relativity』, Addison-Wesley, 1981.
•Bryan H. Bunch, Alexander Hellemans, 『The Timetables of Technology』, Simon & Schuster, 1993.
•Carroll W. Pursell, 『Technology in America: A History of Individuals and Ideas』, MIT Press, 1981.
•David A. Hounshell, "Elisha Gray and the Telephone: On the Disadvantages of being an Expert", *Technology and Culture 16*, 1975.
•David Halliday, Robert Resnick, 『Fundamentals of Physics』, John Wiley & Sons, 1960.
•J. D. Bernal, 『Science in History』, MIT Press, 1971.
•Lance Day, Ian McNeil, 『Biographical Dictionary of the History of

Technology』, Routledge, 1998.

- Loren R. Graham, 『Science and Philosophy in the Soviet Union』, Knopf, 1972.
- Matthew Josephson, 『Edison: A Biography』, McGraw-Hill, 1959.
- R. McCormmach, "H. A. Lorentz and the electromagnetic view of nature", *Isis 61*, 1970.
- Samuel Smiles, Thomas Parke Hughes, 『Selections from Lives of the Engineers』, MIT Press, 1966.
- Stephen F. Mason, 『A History of the Sciences』, Macmillan General Reference, 1962.

웹사이트

- 변화를 꿈꾸는 과학기술인 네트워크(ESC) https://www.esckorea.org
- 사이언스타임즈 https://www.sciencetimes.co.kr
- 생물학연구정보센터(BRIC) https://www.ibric.org
- 한국과학기술인연합(SCIENG) http://www.scieng.net
- 한국과학창의재단 https://www.kofac.re.kr
- KISTI의 과학향기 https://scent.kisti.re.kr/
- Wikipedia https://en.wikipedia.org/wiki/

진실과 거짓의 과학사

초판 1쇄 2024년 5월 28일
지은이 최성우
편집기획 북지육림 | **디자인** 페이지엔 | **종이** 다올페이퍼 | **제작** 명지북프린팅
펴낸곳 지노 | **펴낸이** 도진호, 조소진 | **출판신고** 2018년 4월 4일
주소 경기도 고양시 일산서구 강선로 49, 916호
전화 070-4156-7770 | **팩스** 031-629-6577 | **이메일** jinopress@gmail.com

ISBN 979-11-93878-02-6 (03400)